中国重要农业文化遗产系列读本

闵庆文　邵建成　◎丛书主编

宁夏中宁枸杞种植系统

NINGXIA ZHONGNING GOUQI ZHONGZHI XITONG

梁　勇　闵庆文　王海荣　主编

中国农业出版社

农村读物出版社

图书在版编目（CIP）数据

宁夏中宁枸杞种植系统 / 梁勇，闵庆文，王海荣主编．—北京：中国农业出版社，2017.8
（中国重要农业文化遗产系列读本 / 闵庆文，邵建成主编）
ISBN 978-7-109-22777-4

Ⅰ．①宁…　Ⅱ．①梁…②闵…③王…　Ⅲ．①枸杞—栽培技术—宁夏　Ⅳ．① S567.1

中国版本图书馆CIP数据核字（2017）第039544号

中国农业出版社出版
（北京市朝阳区麦子店街18号楼）
（邮政编码　100125）
文字编辑　吴丽婷

责任编辑　张丽四　芦建华

北京中科印刷有限公司印刷　新华书店北京发行所发行
2017年8月第1版　2017年8月北京第1次印刷

开本：710mm×1000mm　1/16　印张：10.25
字数：200千字
定价：49.00元
（凡本版图书出现印刷、装订错误，请向出版社发行部调换）

编写委员会

丛书主编：闵庆文　邵建成

主　　编：梁　勇　闵庆文　王海荣

副主编：张永勋　穆国龙　袁　正

编　　委（按姓名笔画排序）：

万宝生　马文君　王　银　王少庸

王秀娟　邓荣华　刘　德　刘自祥

刘宏阳　孙学军　孙雪萍　何太成

陈晓希　周　红　赵　闯　徐有志

郭雨轩　黄　巾　韩　颖

丛书策划：宋　毅　刘博浩　张丽四

我国是历史悠久的文明古国，也是幅员辽阔的农业大国。长期以来，我国劳动人民在农业实践中积累了认识自然、改造自然的丰富经验，并形成了自己的农业文化。农业文化是中华五千年文明发展的物质基础和文化基础，是中华优秀传统文化的重要组成部分，是构建中华民族精神家园、凝聚炎黄子孙团结奋进的重要文化源泉。

党的十八大提出，要"建设优秀传统文化传承体系，弘扬中华优秀传统文化"。习近平总书记强调指出，"中华优秀传统文化已经成为中华民族的基因，植根在中国人内心，潜移默化影响着中国人的思想方式和行为方式。今天，我们提倡和弘扬社会主义核心价值观，必须从中汲取丰富营养，否则就不会有生命力和影响力。"云南哈尼族稻作梯田、江苏兴化垛田、浙江青田稻鱼共生系统，无不折射出古代劳动人民吃苦耐劳的精神，这是中华民族的智慧结晶，是我们应当珍视和发扬光大的文化瑰宝。现在，我们提倡生态农业、低碳农业、循环农业，都可以从农业文化遗产中吸收营养，也需要从经历了几千年自然与社会考验的传统农业中汲取经验。实践证明，做好重要农业文化遗产的发掘保护和传承利用，对于促进农业可持续发展、带动遗产地农民就业增收、传承农耕文明，都具有十分重要的作用。

中国政府高度重视重要农业文化遗产保护，是最早响应并积极支持联合国粮农组织全球重要农业文化遗产保护的国家之一。经过十几年工作实践，我国已经初步形成"政府主导、多方参与、分级管理、利益共享"的农业文化遗产保护管理机制，有力地促进了农业文化遗产的挖掘和保护。2005年以来，已有11个遗产地列入"全球重要农业文化遗产名录"，数量名列世界各国之首。中国是第一个开展国家级农业文化遗产认定的国家，是第一个制定农业文化遗产保护管理办法的国家，也是第一个开展全国性农业文化遗产普查的国家。2012年以来，农业部分三批发布了62项"中国重要农业文化遗产"，2016年发布了28项全球重要农业文化遗产预备名单。2015年颁布了《重要农业文化遗产管理办法》，2016年初步普查确定了具有潜在保护价值的传统农业生产系统408项。同时，中国对联合国粮农组织全球重要农业文化遗产保护项目给予积极支持，利用南南合作信托基金连续举办国际培训班，通过APEC、G20等平台及其他双边和多边国际合作，积极推动国际农业文化遗产保护，对世界农业文化遗产保护做出了重要贡献。

当前，我国正处在全面建成小康社会的决定性阶段，正在为实现中华民族伟大复兴的中国梦而努力奋斗。推进农业供给侧结构性改革，加快农业现代化建设，实现农村全面小康，既要借鉴世界先进生产技术和经验，更要继承我国璀璨的农耕文明，弘扬优秀农业文化，学习前人智慧，汲取历史营养，坚持走中国特色农业现代化道路。《中国重要农业文化遗产系列读本》从历史、科学和现实三个维度，对中国农业文化遗产的产生、发展、演变以及农业文化遗产保护的成功经验和做法进行了系统梳理和总结，是对农业文化遗产保护宣传推介的有益尝试，也是我国农业文化遗产保护工作的重要成果。

我相信，这套丛书的出版一定会对今天的农业实践提供指导和借鉴，必将进一步提高全社会保护农业文化遗产的意识，对传承好弘扬好中华优秀文化发挥重要作用！

农业部部长
2017年6月

自有人类历史文明以来，勤劳的中国人民运用自己的聪明智慧，与自然共融共存，依山而住、傍水而居，经过一代代努力和积累，创造出了悠久而灿烂的中华农耕文明，成为中华传统文化的重要基础和组成部分，并曾引领世界农业文明数千年，其中所蕴含的丰富的生态哲学思想和生态农业理念，至今对于国际可持续农业的发展依然具有重要的指导意义和参考价值。

针对工业化农业所造成的农业生物多样性丧失、农业生态系统功能退化、农业生态环境质量下降、农业可持续发展能力减弱、农业文化传承受阻等问题，联合国粮农组织（FAO）于2002年在全球环境基金（GEF）等国际组织和有关国家政府的支持下，发起了"全球重要农业文化遗产（GIAHS）"项目，以发掘、保护、利用、传承世界范围内具有重要意义的，包括农业物种资源与生物多样性、传统知识和技术、农业生态与文化景观、农业可持续发展模式等在内的传统农业系统。

全球重要农业文化遗产的概念和理念甫一提出，就得到了国际社会的广泛响应和支持。截至2014年年底，已有13个国家的31项传统农业系统被列入GIAHS保护名录。经过努力，在2015年6月结束的联合国粮农组织大会上，已明确将GIAHS工作作为一项重要工作，纳入常规预算支持。

中国是最早响应并积极支持该项工作的国家之一，并在全球重要农业文化遗产申报与保护、中国重要农业文化遗产发掘与保护、推进重要农业文化遗产领域的国际合作、促进遗产地居民和全社会农业文化遗产保护意识的提高、促进遗产地经济社会可持续发展和传统文化传承、人才培养与能力建设、农业文化遗产价值评估和动态保护机制与途径探索等方面取得了令世人瞩目的成绩，成为全球农业文化遗产保护的榜样，成为理论和实践高度融合的新的学科生长点、农业国际合作的特色工作、美丽乡村建设和农村生态文明建设的重要抓手。自2005年"浙江青田稻鱼共生系统"被列为首批"全球重要农业文化遗产系统"以来的10年间，我国已拥有11个全球重要农业文化遗产，居于世界各国之首；2012年开展中国重要农业文化遗产发掘与保护，2013年和2014年共有39个项目得到认定，成为最早开展国家级农业文化遗产发掘与保护的国家；重要农业文化遗产管理的体制与机制趋于完善，并初步建立了"保护优先、合理利用，整体保护、协调发展，动态保护、功能拓展，多方参与、惠益共享"的保护方针和"政府主导、分级管理、多方参与"的管理机制；从历史文化、系统功能、动态保护、发展战略等方面开展了多学科综合研究，初步形成了一支包括农业历史、农业生态、农业经济、农业政策、农业旅游、乡村发展、农业民俗以及民族学与人类学等领域专家在内的研究队伍；通过技术指导、示范带动等多种途径，有效保护了遗产地农业生物多样性与传统文化，促进了农业与农村的可持续发展，提高了农户的文化自觉性和自豪感，改善了农村生态环境，带动了休闲农业与乡村旅游的发展，提高了农民收入与农村经济发展水平，产生了良好的生态效益、社会效益和经济效益。

习近平总书记指出，农耕文化是我国农业的宝贵财富，是中华文化的重要组成部分，不仅不能丢，而且要不断发扬光大。农村是我国传统文明的发源地，乡土文化的根不能断，农村不能成为荒芜的农村、留守的农村、记忆中的故园。这是对我国农业文化遗产重要性的高度概括，也为我国农业文化遗产的保护与发展指明了方向。

尽管中国在农业文化遗产保护与发展上已处于世界领先地位，但比较而言仍然属于"新生事物"，仍有很多人对农业文化遗产的价值和保护重要性缺乏认识，加强科普宣传仍然有很长的路要走。在农业部农产品加工局（乡镇企业局）的支持下，中国农业出版社组织、闵庆文研究员担任丛书主编的这套"中国重要农业文化遗产系列读本"，无疑是农业文化遗产保护宣传方面的一个有益尝试。每本书均由参与遗产申报的科研人员和地方管理人员共同完成，力图以朴实的语言、图文并茂的形式，全面介绍各农业文化遗产的系统特征与价值、传统知识与技术、生态文化与景观以及保护与发展等内容，并附以地方旅游景点、特色饮食、天气条件。可以说，这套书既是读者了解我国农业文化遗产宝贵财富的参考书，同时又是一套农业文化遗产地旅游的导游书。

我十分乐意向大家推荐这套丛书，也期望通过这套书的出版发行，使更多的人关注和参与到农业文化遗产的保护工作中来，为我国农业文化的传承与弘扬、农业的可持续发展、美丽乡村的建设做出贡献。

是为序。

中国工程院院士

联合国粮农组织全球重要农业文化遗产指导委员会主席

农业部全球/中国重要农业文化遗产专家委员会主任委员

中国农学会农业文化遗产分会主任委员

中国科学院地理科学与资源研究所自然与文化遗产研究中心主任

2015年6月30日

　　自农业文化遗产发掘与保护工作开展以来，农业部已分三批发布了62项中国重要农业文化遗产。几年的保护实践表明，农业文化遗产的发掘与保护，不但对弘扬中华农业文化，增强国民对民族文化的认同感、自豪感，以及促进农业可持续发展具有重要意义，而且把农业文化遗产作为丰富休闲农业的重要历史文化资源和景观资源来开发利用，能够增强产业发展后劲，带动遗产地农民就业增收，可以促进农村生态文明建设和美丽乡村建设。

　　枸杞文化源远流长。枸杞有文字记载的历史已有4 000多年，药用历史2 000多年，种植历史1 000多年。在这漫长的历史长河中，中宁枸杞独占鳌头。此地枸杞生长得黄河之便，土壤矿物质含量极为丰富，灌溉便利，独特的地理环境和小气候为枸杞生长提供了最为优越的自然环境，使得中宁成为世界枸杞种植的发源地和正宗产地。中宁县也因此在1995年被命名为"中国枸杞之乡"。经过上千年的演化与发展，中宁枸杞种植系统已经形成了多样化的生态系统、厚重的枸杞文化、独特的管理与栽培技术以及完善的产业体系，不仅具有推广和传承的文化价值，而且具有保护我国农业文化遗产的社会价值和促进农业可持续发展的经济价值。2015年9月，第三批中国重要农业文化遗产名单出炉，"宁夏中宁枸杞种植系统"以其悠久的历史渊源、独特的农业产品、丰富的生物资源、完善的知识技术体系、较高的美学和文化价值，以及较强的示范带动能力而名列其中。

本书作为"中国重要农业文化遗产系列读本"之一，竭力追溯中宁枸杞的历史、挖掘中宁枸杞的文化、展现中宁枸杞的功能，为读者打通认识中宁枸杞、保护这一农业文化遗产的通道。全书共分8个部分："引言"简要介绍中宁枸杞种植系统的概况；"走近塞上杞乡"追溯枸杞种植的起源和发展历史；"枸杞中的精品"主要介绍中宁枸杞的地理标志保护产品；"多样化的生态服务功能"主要介绍中宁枸杞种植系统对水土、气候和景观等方面的重要调节作用；"厚重的枸杞文化"主要介绍当地以枸杞为主题的文化形式；"独特的栽培管理知识与技术"主要阐述中宁枸杞种植系统精细的管理知识和实用的农业技术；"保护与发展"主要介绍中宁枸杞种植规模、产品深加工的种类以及所产生的经济效益，确定了中宁枸杞种植系统的保护范围、保护意义和保护措施；"附录"中梳理了中宁枸杞发展的大事记、中宁主要的旅游资源和全球／中国重要农业文化遗产名录。

本书是在中宁枸杞种植系统农业文化遗产申报书、保护与发展规划的基础上编写完成。全书由闵庆文、梁勇设计框架，闵庆文、梁勇、王海荣、穆国龙、张永勋统稿。文中照片除标明拍摄者外，均由中宁县文联提供。本书编写过程中，得到王文华院士等专家的指导和中宁县各级领导的大力支持，在此一并表示感谢。因能力和时间有限，本书未能面面俱到，有不详和谬误之处，敬请广大读者和专家学者批评指正！

编者

2016年8月

　　枸杞有着悠久的历史，因药食同源的奇特功效、晶莹剔透的外观形态，为古人所敬仰崇拜，成为当时人们精神膜拜的图腾，极具神秘色彩，为历代医学名家和文学大家著书咏颂，不绝于史。在诸多产地的枸杞中，中宁枸杞因栽培历史悠久，枸杞文化底蕴深厚，被认为是中国枸杞的道地产区，是现代枸杞产业的发祥地，同时也是中国枸杞野生自然分布的中心区域。中宁地处宁夏回族自治区中部，面积4 226.5平方千米，属北温带大陆季风气候，枸杞生长地带位于黄河冲积平原，独特的地理环境为枸杞生长提供了最优越的自然环境，使得中宁枸杞的糖分含量适中，对人体最为有利，富含锂、硒等微量元素，这使中宁枸杞营养成分齐全，长期食用，具有调节人体免疫功能、保肝抗癌、益智养颜、滋补壮阳和抗衰老的药理作用。据李时珍的《本草纲目》记载，以宁夏平原为中心的河套地区，是我国药用枸杞的主要产地。因具备适宜的自然生态条件以及较好的产业基础，中宁所产枸杞品质超群，素有"天下黄河富宁夏，中宁枸杞甲天下"的美誉。目前，全县枸杞种植面积达到20余万亩*，已形成了以枸杞产业为龙头，农科教相统一、产加销一条龙、贸工农一体化的特色农业发展体系。

在漫长的社会发展进程中，中宁大地文脉相传，经络相连，不同形态的文化各领风骚、传延千年，呈现着文化的多元性、兼容性和复合性特征，自然景观与人文景观交相辉映，古老的历史文化与浓郁的穆斯林风情相互融合，形成富有浓郁地域文化特质的红枸杞文化。枸杞有文字记载已有近4 000年的历史，诸多历史文献记载了中宁枸杞种植的古老历史，早在宋代沈括的《梦溪笔谈》、元代鲁旺善的《农桑衣食撮要》、明代《弘治宁夏新志》和清代乾隆年间的《银川小志》《中卫县志》中对中宁枸杞就有所阐述。更有杜甫、白居易等文坛巨匠对枸杞加以诗词赞赏。后来，中宁枸杞发展为当地人们图腾崇拜、歌咏颂赞的精神载体，派生的枸杞民俗文化博大精深、千年传承，枸杞剪纸、枸杞刺绣、枸杞雕刻等多种民间艺术，形成独具特色的民俗文化系统。

在人类漫长的发展进化及需求过程中，枸杞作为"药食两用"经济作物的作用与地位也随着人类对其认识的加深而得到不断提升，先后经历了野生利用、人工驯化、适地栽培的发展过程。在长期的种植经历中，勤劳勇敢的中宁人总结和创造出一整套枸杞栽培技术。从选地与整床、苗木的繁育、移栽、修剪，到田间管理，再到枸杞采收、制干和储藏，每一道工序都很讲究，并且皆有详细的文字记载，为后世生态种植和地域文化的研究提供了丰富的素材。采用独特的栽培管理知识与技术大面积种植枸杞，对水土保持、培肥地力、调节小气候、防风固沙、美化环境均具有重要作用，保护环境意义重大。中宁枸杞在长期栽培过程中形成了20多个品种，其中传统枸杞品种有大麻叶枸杞、小麻叶枸杞、白条枸杞、尖头黄果枸杞、圆果枸杞、黄果枸杞等。

作为世界枸杞种植的发源地和正宗产地，中宁的野生枸杞以及用来选育现代品种的传统优良品种均是重要的遗传资源，对于枸杞价值的挖掘以及枸杞产业的发展具有极其重要的价值。枸杞是中宁人民致富的重要经济作物，也是中宁人民饮食的重要材料。中宁人日常生活已经离不开枸杞，枸杞茶、枸杞粥、枸杞菜、枸杞汤是人们每日必食的食物，对当地人民身体健康起到了积极作用。

如今，枸杞产业已发展成为中宁县具有地方特色的优势产业，是中宁县出口创汇的重要农产品，被称为是增加农民收入、推动县域经济发

---

* 亩为非法定计量单位，1亩≈667平方米。——编者注

展的支柱产业和生命产业。随着绿色食品原料枸杞基地、出口枸杞基地、有机枸杞基地建设完善，新技术的集成配套，将会全面提高中宁县的枸杞产量、品质及市场竞争力，对推动全县农业结构调整、带动南部山区枸杞产业发展、增加农民收入、提高全县枸杞产业综合生产能力具有很大的作用。传统枸杞栽培技术集生态、社会、经济效益于一体，枸杞种植技术的保护传承将会为农业可持续发展提供范本和宝贵经验。

然而，中宁枸杞品种的优良性状部分面临退化，由于在长期栽培过程中的变异和人为混杂，优良性状部分退化，部分育苗户枸杞新品种母本园纯度不高；枸杞深加工转化率不足，附加值低，农户因枸杞价格下降而改种其他农作物，严重制约了枸杞产业综合效益和可持续发展；农药和化肥的不规范使用，造成污染严重，残留上升，枸杞质量下降，给枸杞产业造成严重威胁；大规模机械化生产给传统种植技术与方式提出挑战。保护中宁枸杞种植系统迫在眉睫，鉴于存在的问题和面临的挑战，中宁枸杞种植系统申报中国重要农业文化遗产，并于2015年获批。此次申报成功有着重要的意义，中宁枸杞种植系统将会得到更多的政策和资金支持，枸杞文化将得到保护与传承，种植技术将得到改进与推广，生态环境将得到保护与改善，区域产业经济和人民生活水平也将得到进一步发展与提高。

一

走近塞上杞乡

宁夏中宁枸杞种植系统

（一）
枸杞种植的起源与发展历程

　　枸杞最早见于殷商时期的甲骨文，当时被记为"杞"，可见枸杞在商朝甚至夏禹时期便已开始进入人们的生产生活。我国最早的药用枸杞就是西北地区采集的野生枸杞产品，并被列为"上品"。明末清初，宁安枸杞已经成为畅销全国的名贵药材，并有"中宁枸杞甲天下"的美誉。

中宁枸杞甲天下

1. 中宁枸杞的起源

　　中宁枸杞（亦多称宁夏枸杞）原名宁安枸杞，原产地在中宁县宁安堡。中宁枸杞原本是野生植物，其野生自然分布区的中心区域便是中宁。宋代沈括（1031—1095年）《梦溪笔谈》中记载了"枸杞，陕西极边生者，高丈余，大可柱，叶长数寸，无刺，根皮如厚朴，甘美异于他处者"的内容。这里所说的"极边"就包括今天的中宁宁安，通过对枸杞的描述可推测中宁地区当时确实存在着大量的野生枸杞资源。

　　元代鲁旺善在《农桑衣食撮要》中记载："宁夏黄河以南洪广营一带种枸杞，常有陕西客来此地经商。"经考证黄河以南洪广营就是现今的宁夏中宁，中宁枸杞开始从野生采集转为人工种植。据明代《弘治宁夏新志》"物产"条记载，早在明弘治十四年（1501年），中宁枸杞（书中为中卫枸杞）被列为宁夏贡品上献朝廷。明朝末期的清水河改道工程把清水河沿轿子山南麓向西引到泉眼山汇入黄河，清水河的泥沙又在舟塔地区淤积，舟塔一带的枸杞质地变好。清朝乾隆年间（1736—1795年），《银川小志》载有"枸杞宁安堡产者最佳，红大肉厚，家家种植"的内容。乾隆年间中卫新任知县黄恩锡在《中卫县志》中写道："宁安一带家种杞园，各省入药干枸杞皆宁产也。"在其《竹枝词》中有"六月杞园树树红，宁安药果擅寰中。千钱一斗矜时价，决胜腴田岁早丰"的陈述。宁安即中宁县宁安堡，当时属于甘肃省。宁安枸杞籽粒大、皮薄、肉厚、味甘甜、色鲜红、药效高，本地人称为红果子。

由此可见，250多年前，中宁枸杞的栽培无论是种植规模、品质，还是销售区域都已被世人公认。

宁安枸杞（梁勇/提供）

舟塔乡（王海荣/提供）

民国二十二年（1933年）秋，清水河在泉眼山芦草沟决口，舟塔乡大部分耕地被淹，凡是洪水淹过的茨园，翌年果实品质更好，产量增多。由于舟塔在宁安堡以西，人们称舟塔一带的枸杞为"西乡枸杞"。

20世纪初，中宁枸杞已作为药材在全国各大城市销售，由于中宁优质枸杞的经济价值，枸杞也不断被周边地区及全国其他地区引种，产生了积极的辐射作用。民国23年（1934年）中宁设县，以宁安堡为县城，从此宁安枸杞改称中宁枸杞。据民国时期《宁夏资源志》载，1937年前夕，与中宁枸杞产区相邻的中卫县宣和乡已有少量种植，年产2 500千克，相当于中宁县年产量的0.7%。

1961年，国务院确定中宁县为中国唯一的枸杞生产基地，并提高收购价格。在宁夏回族自治区政府政策指导下，中宁枸杞陆续被引种到整个宁夏平原的黄河灌溉区。不到30年的时间，中宁枸杞又从宁夏川区引种到西北、华北和华中的许多地区，并成为许多地区的重要经济作物，各地引种成功以后又称宁夏枸杞。虽然枸杞种植遍及全国多个地区，但受惠于土质、气候、技术等方面的因素，中宁枸杞品质要优于外地所产枸杞，其干果实枸杞子为正品中药材，是宁夏"五宝"之首——"红宝"。

2. 中宁枸杞品质形成

中宁地处宁夏回族自治区中部，面积4 226.5平方千米。中宁县四面环山，黄河及清水河流经县境，受黄河和清水河切割冲淤，黄河两岸形成大片的冲积平原和洪积平原。得黄河之利，早在西汉元鼎三年（前114年）这里便修了引黄灌渠，发展灌溉农业，成为宁夏最古老的引黄灌区。长期的引黄灌溉和清水河洪泛灾害带来大量的泥沙淤积，使这里土地深厚肥沃，富含30多种枸杞所需的微量元素，加之多年传承积累的丰富栽培经验和技术，使中宁枸杞"甘美异于他乡者"而名扬天下，中宁地属北温带大陆季风气候，所产枸杞富含多种矿物质，人体所需铁、锌、钙、锂、硒等多种微量元素丰富，18种氨基酸及枸杞多糖含量丰富。

中宁黄河大桥（王银/提供）

优质的枸杞之所以千百年来生产于中宁大地，形成了驰名中外的"中宁枸杞"品牌，主要得益于三个方面：

一是土壤富含利于枸杞生长发育的特殊有机营养物。中宁地区主要是清水河冲积平原淤灌土和黄河冲积平原淤灌土，土壤类型为绿洲土，质地以中壤为主，这里是枸杞生长最为有利的地区，其土质条件非常适合枸杞的生长，且能结出品质优良的果实，最能体现宁夏枸杞的地道性。

二是气候适宜性。这里是宁夏黄河灌区与南部山区的交汇也带，四周群山环绕，黄河从中流过，地势平坦，昼夜温差大，有利于枸杞果实营养成分的积累。

三是科学的栽培技术。勤劳智慧的中宁人民不断积累经验，因地制宜，不断改良枸杞的栽培种植技术，适时有效地导引植株生长发育，为中宁枸杞的优质高产奠定了基础。特别是近40年来，宁夏农业科技人员对中宁枸杞进行进一步试验，不断改进栽培方法，形成了一套较完整的枸杞生产管理技术。

3. 中宁枸杞文字历史

中宁枸杞已有4 000年的文字史。殷商时期甲骨文记为"杞"。武丁时期的卜辞载："癸巳卜，令登赉杞。"祖庚、祖甲时期的卜辞载："己卯卜行贞，王其田亡灾，在杞；庚辰卜行贞，王其步自杞，亡灾。"帝乙、帝辛时期的卜辞载："庚寅卜在女香贞，王步于杞，亡灾，壬辰卜，在杞贞，亡步于意，亡灾。"对上述甲骨卜辞中的"杞"字，甲骨文名家罗振玉依据《说文解字》解释说："杞，枸杞也，从木己声。"甲骨卜辞中关于殷商时期农田生产的内容颇多，卜辞中

甲骨文"杞"字

有"田""作大田"的记载，还有"黍""稷""麦""稻""杞"等农作物丰歉的记载，他们经常进行占卜。甲骨卜辞中关于枸杞的记载，就是殷商帝王这种心态的反映。甲骨文卜辞中的"杞"字，有的也可能指姓氏、地名、国名，但追根溯源，作为姓氏、地名、国名的"杞"字，应源于人们对具有神奇作用的"杞"树的崇拜。他们以"杞"树作为植物图腾，以"杞"作为姓氏、地名或国名。据《史记》等典籍载："杞

氏"为"夏禹之后"。由"杞"字见载于殷商甲骨文可见，枸杞的种植年代必在甲骨文之前，这说明人们在夏禹时代就已经认识杞树，崇拜杞树了。

4. 中宁枸杞栽培历史

（1）中宁枸杞野生期

枸杞原本是野生植物，其野生自然分布区域主要在黄河上游冲积平原和黄土高原，常见于山麓崖隙、盐碱沙荒地带。据明代著名医药学家李时珍编撰的《本草纲目》记载："后世唯陕西者良……今陕之兰州、灵州、九原以西枸杞，并是大树，其叶厚根粗。"这里所指的方位，相当于以宁夏为中心的河套地区，这个地区自古以来是我国药用枸杞子的主要产地。

中宁自古以来是枸杞野生自然分布中心区域的重要部位。在中宁黄河两岸和周围山区，到处有蔓生的枸杞灌木种群。引黄灌区的田边地头、沟坡崖岸和盐碱沙荒地，常有密集的野生群落，采收野生枸杞子是当地农民的传统。从相关的历史资料中，也可以看出中宁地区古代野生枸杞植物资源的大概情况。北宋元丰年间（1078—1085年）任延安知州的沈括在《梦溪笔谈》中提到，当时陕西极边地区的一些枸杞树"高达丈余，大可作柱"。沈括所指的陕西极边是当时北宋与西夏的交界地点，中宁距这条边界仅100千米左右。由此可见，在唐宋时期，宁夏中部的植被还相当好，原始森林面积还相当大，中宁地区确实存在着丰富的野生枸杞植物资源。

（2）中宁枸杞从野生采集到人工种植的转变

明成化二十二年（1486年）设置宁安堡，其附近的清水河发源于六盘山北麓，流域面积1.6万平方千米。早期下游变化很大，使宁安堡归靠南岸，形成了柳青渠新灌区。后来，七星渠灌区遭到清水河的严重损害。在清水河下游两岸的新洪积区，没有完全淹没的枸杞树却享受到泥沙中富含牛羊粪等肥料之利，苗壮成长，种户也越来越多。凡是经过清水河淹淤的土地不论是野生的茨树，还是农户经营的茨林，枸杞子结得更多、更大、更甜。

（3）中宁枸杞列为贡品之后家种枸杞园得到发展

根据宁夏古代史籍查证，中宁枸杞在明代成化年间（1465—1487年）被朝廷列为"国朝贡果"，因此，宁安一带的枸杞生产具有特殊的优越地位。在野生资源不足、产量不多又不稳定的条件下，能结出优质枸杞子的枸杞树不论长到哪里都会成为家珍。中宁枸杞本身就是适宜籽育或移栽的灌木，无论是七星渠灌区还是柳青渠灌区都是清水河淤灌过的土地，在各种生产条件基本上具备的时候，当地枸杞便从洪积区野生看管逐渐发展成为黄灌区移植栽培，慢慢形成家种小枸杞园，在与野生产品的竞争中获得了优厚的地位。明代崇祯年间，随着七星渠灌区的恢复和发展，以及清初取代明朝屯户的农民个体经济的兴起和商品市场的扩大，这种经营方式在宁安一带广泛流行。到清乾隆初期，枸杞成为家家种植的经济作物，地处洪泛区七星渠上游的宁安堡成为"贡果"的主要产地。

5. 中宁枸杞药用历史

中宁枸杞药用已有2 000多年的历史。枸杞在植物分类上归茄科，全世界约有80种，中国有7种，3个变种，中宁枸杞是7种之一，以棘如枸之刺，茎如杞之条而得名。我国早期的药用枸杞就是西北地区采集的野生枸杞产品。明末清初，宁安枸杞已经成为畅销全国的名贵药材。

枸杞药用最早见东汉（前206—220年）时期，据《神农本草经》记载："枸杞，本经上品，主五内邪气，热中消渴，周痹风湿。久服，坚筋骨，轻身不老，耐寒暑。"

唐（618—907年）甄权著《药性论》记载："枸杞子，苦平，补精气诸不足，易颜色，变白，明目安神，令人长寿。"

北宋时期编撰的《太平圣惠方》记载了一位终年服用枸杞叶、花、子、根而寿命达370多岁的妇女。北宋诗人苏东坡在

本草纲目

《枸杞——小圃五味之三》一诗中称"根茎与花实，收实无弃物"，指出枸杞的根、茎、花、果皆可利用。

明（1368—1644年）李时珍著《本草纲目》记载："枸杞，主五内邪气，热中消渴，周痹风湿。久服，坚筋骨，轻身不老，耐寒暑。下胸胁气，客热头痛，补内伤大劳嘘吸，强阴，利大小肠。补精气诸不足，易颜色，变白，明目安神，令人长寿。"

明（1368—1644年）倪朱谟著《本草言汇》记载："枸杞可使气可充，血可补，阳可生，阴可长，火可降，风湿可去，有十全之妙用焉。"

清（1644—1911年）汪昂在其所著《本草备要》中记载："枸杞子，甘平，润肺清肝，滋肾益气，生精助阳，补虚劳，强筋骨，利大小肠，治嗌干消渴。"

近代张锡在其所著《医学衷中参西录》中记载："枸杞子，味甘多液，善明目，退虚热，壮筋骨，除腰疼，为滋补肝肾最良之药。"

新中国成立后历次版本的《中华人民共和国药典》《中药大辞典》均记："药用枸杞子为宁夏枸杞的干燥果实，由中国中医药出版社出版并发行的《中药现代研究与临床应用》专记：枸杞是国际公认的'富集锂'植物，含有人体所需的营养物质，药用价值高，是防癌抗癌，抗衰老所需的高级营养滋补品。"

《中华人民共和国药典》

中宁枸杞一直作为名优药材和滋补佳品在全国各地市场进行交易并出口国外，为国家换取外汇和进行易货贸易，优良的品质早已闻名全国。

(二)
枸杞种植系统的独特性

1. 中国枸杞优势产区

中宁是枸杞的"道地产区"，枸杞栽培历史悠久，枸杞文化底蕴深厚。从清代到民国，国产枸杞基本上是中宁独家生产，现在全国乃至欧洲部分地区的枸杞也是由中宁传播出去的。中宁县是世界枸杞的正宗产地和现代枸杞产业的发祥地，同时也是中国枸杞野生自然分布的中心区域。因具备适宜的自然生态条件，以及较好的产业基础，中宁县被列为中国枸杞优势产区。目前，全县已形成了以枸杞产业为龙头，农科教相统一、产加销一条龙、贸工农一体化的特色农业发展体系。

中国枸杞之乡（邓荣华/提供）

2. 中宁枸杞品质独特

受益于独特的生长条件及栽培技术，中宁枸杞内含多种人体必需的氨基酸、微量元素和适中的糖分，含铅量比其他地区低5个百分点，各项指标排名在全国同类产品中均居第一。中宁枸杞有耐干旱、耐贫瘠、耐盐碱等特点，适应能力和繁殖能力较强。

外部特征：中宁枸杞果实椭圆形，长6~18毫米，直径6~8毫米。表面鲜红色或暗红色，具不规则皱纹，略有光泽，顶端有花柱痕，另端有果梗痕。质柔润，果肉厚，有黏性，内含种子25~50粒。种子扁肾

中宁枸杞外部特征（马文君/提供）

形，长至2.5毫米，宽至2毫米，土黄色。气微、味甜、微酸。

化学成分：中宁枸杞含甜菜碱、玉蜀黍黄素、酸浆红素、枸杞多糖、胡萝卜素、核黄素、烟酸、维生素C等。果实中含甜菜碱约0.1%；干燥的果实中含钙107毫克／克、铁10.1毫克／克、磷208毫克／克；优质品果实中含水少于13%、脂类8.72%、还原糖34.83%、总糖37.95%；含有丰富的维生素A、维生素C；且含亮氨酸、异亮氨酸、苯丙氨酸、缬氨酸、酪氨酸、脯氨酸、丙氨酸、甘氨酸、赖氨酸和谷氨酸多种氨基酸，还发现有枸杞胺（Lyceamin）和三甲甘氨酸。经检测，从枸杞果实中还分离出β–谷甾醇、羊毛脂固醇和薯蓣皂苷元；果皮中含酸浆红素和玉蜀黍黄素；从枸杞的叶中分离得到烟酰胺、东莨菪内酯、香荚兰酸、睡茄内酯A、睡茄内酯B（Withanolide A、Withanolide B）、苷类如芦丁和β–谷甾醇-D-葡萄糖苷；从根中分离得到一种引起鼠体降压成分的枸杞胺；又从枸杞根皮发现含有桂皮酸和多量酚类物质、亚油酸、亚麻酸、皂苷等成分。

性味功能：中宁枸杞性平，味甘，具有滋补肝肾、益精明目的功效。用于虚劳精亏、腰膝酸痛、眩晕耳鸣、内热消渴、血虚萎黄、目昏不明。

品质鉴定：一看果形，中宁枸杞呈椭圆扁长而不圆，呈长形而不瘦；二看果脐，中宁枸杞果脐白色明显；三看颜色：中宁枸杞呈暗红色或紫红色；四看是否结块，中宁枸杞干果含水量在12%～13%，包装不宜结块，若是挤压成块，失压后能自动松散；放入清水中上浮率很高；皮薄肉厚、口感纯正、甘甜、微苦涩；若打开密封的包装有特殊的香味。

农业特征：中宁地处内蒙古高原和黄土高原过渡带，光线充足，干旱少雨，蒸发强烈，有效积温高，昼夜温差大。枸杞生长于清水河与黄河交汇处的洪积平原，土壤矿物质含量极为丰富，腐殖质多，熟化度高，灌溉便利，水质独特。正是这一独特的地理环境和小气候条件为枸杞生长提供了全国最优越的自然环境，使得中宁成为世界枸杞种植的发源地和正宗产地。

1 000多年的人工栽培历史，几十代栽培者锲而不舍地探索积累了宝贵的经验，多年的自然杂交和人工选育，造就了品质超群、全国最优良的枸杞品种。中宁枸杞在长期栽培过程中形成20多个品种，其中性状比较稳定、分布较为普遍的有宁杞1号、宁杞4号、大麻叶枸杞等12个品种。传统枸杞品种有大麻叶枸杞、小麻叶枸杞、白条枸杞、尖头黄果枸杞、圆果枸杞、黄果枸杞等，现代选育品种有宁杞1号至宁杞7号及0901、0909、中科绿川1号等。现代选育品种均是由传统优良品种或者自然品种选育而来，宁杞1号、宁杞2号、宁杞4号是由大麻叶枸杞选育出的枸杞优良品系，宁杞3号是用3株优势树对比法从宁杞1号中选育出的无性系新品种，宁杞5号是由在宁杞1号生产园发现的母树经无性扩繁形成的无性系新品种，宁杞6号是从宁夏枸杞天然杂交实生后代中选育出的新品种，宁杞7号从宁夏枸杞生产园中选育出的无性系新品种。

　　中宁久享黄河之利，素有"塞上江南、鱼米之乡"的美称。枸杞产业是中宁县第一大特色产业，具有多样的间种模式，如枸杞与红枣、大蒜、甘蓝、豇豆、硒砂瓜等瓜果蔬菜的间种。不仅可以充分利用枸杞植株之间的空间，而且可以满足当地居民的食物需求。此外，在枸杞植株

大麻叶枸杞（陈晓希/提供）

小麻叶枸杞（陈晓希/提供）

宁杞1号（陈晓希/提供）

宁杞5号（陈晓希/提供）

下进行育苗也是枸杞种植模式的一大特色。通过种子育苗和无性育苗，特别是无性育苗，可以保持母本优良性状，结果早，产量高。

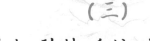

（三）
枸杞种植系统的创造性

1. 多重效益的枸杞栽培系统

中宁枸杞道地性特征充分体现了人与自然的和谐统一。中宁枸杞栽培体系通过枸杞栽植，以及发展林下间作，充分利用当地的自然资源，在西北干旱区创造了独特的枸杞园景观；挖掘经济效益低劣、生态脆弱的山坡地、盐碱地潜力，提高了经济效益；随着多年人工驯化栽培，枸杞树苗已经能够适应盐碱地的恶劣环境，被当地群众选择为改良盐碱和沙荒地的先锋树种，改变了生态环境条件，实现了经济效益、生态效益和社会效益的统一。

中宁枸杞栽培系统（梁勇/提供）

中宁枸杞园管理技术（郭雨轩/提供）

2. 传统的枸杞园管理技术

结合自然条件，针对枸杞的生长状况，中宁杞农创造性地发明了一套传统的枸杞园管理技术。他们在长期的栽培过程中创造了别具一格的因品种而异的传统栽培技术。目前中宁县枸杞种质资源丰富，不同品种之间需根据结枝条类型采用不同的修剪方式。枸杞栽培类型多样，有菜用枸杞、果用枸杞等，且不同用途枸杞的栽培技术也不一样，菜用枸杞按照丛状灌木进行栽培，果用枸杞按照小乔木类型进行栽培。

二

枸杞中的精品

宁夏中宁枸杞种植系统

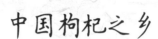

（一）
中国枸杞之乡

1. 历史演变

中宁历史悠久，文化底蕴深厚。公元前114年（西汉元鼎三年）始设眴卷县，四为县治，五为州治，至今有2 128年的置县史。

历史上曾有秦惠文王、秦昭襄王、汉武帝刘彻、唐太宗李世民、唐肃宗李亨、元太祖成吉思汗六位帝王巡幸中宁。这里曾是连接西北、中原、华北的水陆通道和古丝绸之路北路要冲，也是中原农业文明、漠北游牧文明和中西文化的交汇之地。古代狄、戎、匈奴、吐蕃、鲜卑等多个民族在此繁衍生息，中原王朝在此大规模移民屯田，游牧民族在此游牧狩猎。不同的历史时期，多种文化在此交流碰撞融合发展，留下了不可磨灭的印记。

在漫长的社会发展进程中，中宁大地文脉相传，经络相连，不同形态的文化各领风骚、千年传延，呈现着文化的多元性、兼容性和复合性特征，自然景观与人文景观交相辉映，古老的历史文化与浓郁的穆斯林风情相互融合，形成富有浓郁地域文化特质的红枸杞文化。长城遗迹、

中国枸杞之乡——中宁

胜金雄关、双龙石窟、宁舟宝塔、余丁早春、黄河古渡、芦沟烟雨、黄羊岩画、星渠柳翠、石空灯火、牛首佛光、安庆寺永寿塔、牛首山寺庙群、泉眼山古今水利工程、黄河湿地公园、南河子公园、万亩枸杞观光园等名胜古迹和现代人文景观就是红枸杞地域文化传承发展的历史见证。

2. 自然环境

地质构造：中宁地处昆仑秦岭地槽褶皱区走廊过渡带的东端，靠近鄂尔多斯西缘拗陷带，历经海底洋流作用、海槽褶皱、地壳运动、造山运动等多次构造运动，形成境内山体层层排列、鳞次栉比的沉积岩状。裸露的沉积岩由海洋、湖泊及河流堆积的各种碎屑碳酸盐物质形成。

地貌特征：中宁县地势四面高，中间低，海拔在1 160～1 350米。北部、东部和南部多为山地和丘陵，地域广阔，是牧草基地。中宁境内山地面积671.25平方千米，占全县土地总面积的21.07%。东南部主要有牛首山、烟洞山、红梧山、天景山、米钵山等。北山历史上属于贺兰山南段。主要有胜金关山、双龙山、碱沟山、菊花台山等，峰岭绵亘数十里，是中宁抵御腾格里沙漠侵袭的天然屏障。黄河自西向东转北横贯全境，清水河流经县境南部和西部，受河水冲积影响，黄河两岸形成一条东西狭长的带状洪积冲积平原，为中宁优质枸杞的种植提供了良好的土壤。

水文条件：中宁县四面环山，黄河自西向东流经全境，清水河发源于六盘山北麓，自南向北在宁安堡以西交汇，境内大小池塘较多，地下水位较高，清水河独有的水质孕育了中宁枸杞特有的品质。黄河流出黑山峡至胜金关入中宁县境，县境内流域面积4 203平方千米，年均经流总量318亿立方米，黄河为多泥沙河流，河水矿化度0.4克／升。清水河（俗名山河）是黄河的一级支流，发源于宁夏固原市原州区南开城乡黑刺沟垴，由南向北经固原、海原、同心至中宁县，境内径流43千米，全河流域面积14 481平方千米，输水量年均1.24亿立方米，在宁夏境内为13 511平方千米。红柳沟为黄河的二级支流，发源于同心县罗山南徐冰水的黑山墩，流经西川子、红寺堡、大河子水入县境，到鸣沙镇经养马村入南河子汇流入黄河，全长103.5千米，县境内流程约20千米，流域面积1 064平方千米。山泉主要有平塘湖泉、牙齿沟泉、三道冒水泉、小洪沟泉、引泉子泉、乱泉子泉、锅底湖泉、骚牛口子泉和榆树峡泉等。境内七星渠、跃进渠、固海渠、北滩渠四条干渠为主要灌溉渠道。

黄河（孙雪萍/提供）

　　土壤植被：中宁县土壤构成分为八个类型，即灰钙土、灌淤土、盐土、风沙土、新积土、浅色草甸土、湖土、人工混成土。其中，灌淤土和人工混成土是受人工作用的农业土壤类型，其余六类是在当地气候、生物、地形、地下水等因素作用下形成的自然土壤。植被构成分为8种类型，有草原植被型、荒漠植被型、沙生植被型、落叶阔叶林植被型、河漫滩中生草甸型、低地盐生草甸型、低地沼泽化草甸型、沼泽型。

　　地理气候：中宁县地处内蒙古高原和黄土高原过渡带，属北温带大陆性季风气候区。四面环山，光照充足，干旱少雨，蒸发强烈，有效积温高，昼夜温差大。中宁县年平均气温9.5℃，年平均降水202.1毫米，6~8月的降水量占全年降水量的61%；年蒸发量1 947.1毫米，为年平均降水量的9.6倍。历年平均初霜期10月4日，最早9月3日，最晚10月19日。无霜期平均为165.3天，保证率90%以上的无霜期148.8天。灾害性天气，如干旱对枸杞生产影响不大，初霜冻早对枸杞秋果成熟不利，终霜冻会影响花和夏果的发育。冰雹一般两年出现一次，而且在夏果采收结束，秋果发育期较多，但影响不大。4月、5月大风、沙尘暴影响枸杞开花授粉。暴雨基本为三年一次，引发山洪对局部地区造成损失。7月、

8月连阴雨给夏果枸杞采收制干、秋果发育造成损失，6月底、7月初干热风引发枸杞蒸腾加剧，蒸发量大，造成早衰落叶，籽粒瘦小，千粒重下降，产量品质受到一定影响。

中宁地区灾害性天气不多，造成损失不大，所以说中宁县气候干燥，四季分明，具有春暖迟、夏热短、秋凉早、冬寒长的特点，为中宁枸杞生长发育创造了良好条件。

3. 经济社会

政区人口：中宁县隶属中卫市管辖，政区面积4 226.5平方千米，现辖6镇5乡、2个农场、2个管委会、118个行政村、12个社区居委会、8个农林牧渔场，县人民政府驻宁安镇。全县人口33.6万（2013年），其中非农业人口为10.1万人，占总人口的30.1%，汉族25.35万人，占总人口的75.5%，少数民族8.25万人，占总人口24.5%。回族是中宁县少数民族中人口最多的民族，总人口8.19万人，集中分布在大战场镇、喊叫水乡、徐套乡。县内汉族与回、蒙、满、东乡等14个少数民族杂散而居，和谐相处。

区位交通：中宁县位于东经105°26′~106°7′、北纬37°9′~37°50′，东临青铜峡、吴忠市利通区，西依中卫市沙坡头区，南接红寺堡开发区、同心县，北靠内蒙古阿拉善左旗。地处宁夏沿黄主轴线交汇的黄金地带，是古丝绸之路进入华北与关中的要冲，是西域进入东南沿海、南下广州、香港、澳门、台湾，出口东南亚各国的"快速通道"之一。包兰、宝中、太中银三条铁路穿境而过，京藏、石中、中郝、中固、中盐5条高速公路和109国道等三条国省道纵横交错，是西北著名的水旱码头和欧亚大陆桥的桥头堡。

特色农业：中宁在西汉初（前206—25年）即辟为引黄灌区。这里沟渠纵横，林茂粮丰，鱼儿逐波，牧业兴旺，盛产小麦、水稻、玉米、油料、瓜果等。近年来，枸杞、硒砂瓜、苹果、红枣、生猪、肉兔、鹌鹑等特色种养业发展势头迅猛，成为农业发展新的亮点。目前，全县枸杞、硒砂瓜、红枣、苹果和供港蔬菜种植面积分别达到20万亩、39万亩、15.6万亩、13.8万亩和1.15万亩。初步建立了以清水河流域、红梧山地区为主的中国优质枸杞生产示范区；以宁安、舟塔等灌区乡镇为主的百万头生物环保养殖示范区；以白马、石空和林业"三场"为主的精品果枣示范区；以喊叫水、大青山、鸣沙等重点区域为主的绿色硒砂瓜示范区；以宁安、恩和等乡镇为主的供港蔬菜种植示范区。

鱼米之乡（中宁县人民政府/提供）

　　城市建设：中宁是自治区沿黄城市带上重要的节点城市。按照自治区沿黄城市带同城化发展规划，相继实施了旧城改造、新区开发等重点工程，启动建设了中国枸杞文化旅游园、滨河路水系、中国枸杞博物馆、黄河体育中心、中宁（国际）枸杞交易中心、枸杞加工城等文化地标性建筑工程，建设高档住宅小区20多个，城市形象大为改观。县城建成区面积发展到12平方千米，县城湿地绿化面积达到78.6万平方米，城市人口扩增到12万。同时，按照"人随水走、统筹城乡、集约发展"的思路，实施了大型生态移民项目，大力推进了"塞上农民新居"、旧庄点改造和生态移民工程，形成了以县城为中心，以卫星集镇为依托，产业集中、人口集聚的城乡一体化发展格局。

　　经济水平：2013年，中宁县生产总值（GDP）达118.1亿元，同比增长11.4%。其中，第一产业增加值15.6亿元，同比增长3.2%；第二产业增加值68.1亿元，同比增长15.1%；第三产业增加值34.3亿元，同比增长8%。产业结构由2012年的14.5∶55.5∶30.0调整为2013年的13.2∶57.7∶29.1。

2013年，全县实现农林牧渔业总产值30亿元，同比增长3.1%。其中：农业实现产值21.4亿元，同比增长3.5%，全年粮食总产量29.5万吨，下降1%，枸杞产量4.8万吨，增长2.7%，产值约占全县生产总值的30%以上。

中宁城建（中宁县人民政府/提供）

4. 建制沿革

　　据《汉书·地理志》记载，西汉元鼎三年（前114年），划富平县以南地归安定郡管辖。眴卷县是其中之一。

　　北魏时期设鸣沙县，属灵州普乐郡。

　　北周保定二年（562年）设会州，州治在鸣沙县。

　　建德六年（577年）废会州，置鸣沙镇。

　　隋开皇十年（590年）设丰安县，隶于灵武郡，县城在今关帝村。

　　隋开皇十九年（599年）在鸣沙设环州，辖鸣沙等县。

　　唐武德二年（619年）置西会州，辖鸣沙等县。贞观六年（632）改置环州，九年（635年）环州废，鸣沙县改属灵州。

　　唐武德四年（621年）析置丰安县，贞观十三年（639年），以其地并入回乐县。

　　唐咸亨三年（672年）鸣沙县界内设安乐州，治今同心县下马关镇北红城水，安置由青海迁来的吐谷浑部落。

万岁通天元年（696年）在丰安县置丰安军，城址在今石空镇。

唐开元初，在鸣沙境内置东皋兰州，安置铁勒浑部。

唐大中三年（849年）改安乐州为威州，鸣沙县属之。

唐乾符三年（876年）此前置雄州于丰安县城，本年地震中地陷城废，无力重筑。中和元年（881年）徙治承天宝，疑在今中卫县城附近。

北宋咸平五年（1002年）党项族李继迁攻占灵州，此后，中宁地区由党项族统治。

元代设鸣沙州，属宁夏府路，在鸣沙州城设水陆两驿。

明建文元年（1399年）设宁夏中卫。中宁地区的张义堡、威武堡以西属中卫，以东属广武营和鸣沙州城。

清雍正二年（1724年）废除卫所制度，宁夏中卫改为中卫县，中宁地区属中卫县。

乾隆二十四年（1759年）于宁安堡设渠宁巡检司，代表中卫县衙管理渠口、宁安一带事务，其辖区略大于今之中宁县。

民国22年（1933年），宁夏省政府报国民政府批准，从中卫县划出胜金关、山河桥以东地区设置中宁县。

民国23年（1934年）1月1日，中宁县政府正式成立，县城设在宁安堡。

1949年9月14日，中宁解放。

1954年，宁夏省撤销，中宁县属于甘肃省银川专区。

1958年10月25日，宁夏回族自治区成立，中宁县归其管辖。

1972年2月23日，设立银南地区，中宁县归其管辖。

1998年5月11日，撤银南地区，设立吴忠市，中宁县归其管辖。

2004年8月，设立中卫市，中宁县属其管辖。

（二）
地理标志保护产品

1. 悠久的种植历史

　　中宁枸杞栽培已有1 000多年的历史，据专家论证，中宁枸杞的传统育苗、栽培、浇灌等栽培方法在唐代孙思邈的《千金翼方》、柳宗元的《种树郭橐驼传》中已有记载。宋朝时期，中宁枸杞就有极高的知名度和市场贸易量，枸杞栽培也形成一定的规模，宋朝和西夏互设榷场进行贸易，鸣沙榷场（今中宁县鸣沙镇）在当时占据着十分重要的地位，主要商品为枸杞。

2. 成熟的栽培技术

　　长期的种植过程中，一代代中宁人通过摸索、总结，创造出一整套枸杞栽培技术。目前，中宁仍保存有最完整的传统枸杞栽培技术，从选地与整床、苗木的繁育、移栽、修剪，到田间管理，再到枸杞采收、制干和储藏，每一道工序都很讲究，并且皆有详细的文字记载，为后世生态种植和地域文化的研究提供了丰富的素材。

3. 适宜的地理环境

　　中宁县气候干燥，四季分明，具有春暖迟、夏热短、秋凉早、冬寒长的特点，昼夜温差大，光照强烈，利于果实营养物质的积累；地势平坦，土层深厚，土壤为灌淤土淡灰钙，沙质壤土，土质均匀，是几千年来历史悠久的农业区，中宁县土壤的形成得益于黄河与清水河的交汇灌溉，土壤肥沃，植物的立地条件好；这些地理自然条件为中宁枸杞生长发育创造了良好条件。

4. 独一无二的品质

中宁气候昼夜变化的日较差最大29℃，年平均降水量为221.6毫米，使中宁枸杞的糖分含量适中，对人体最为有利。中宁枸杞生长的土壤主要为黄河灌淤土，富含各种矿物质和微量元素，特别是锂、硒含量丰富，使得中宁枸杞营养成分齐全。李时珍的《本草纲目》

上品中宁枸杞（马文君/提供）

记载，以宁夏平原为中心的河套地区，是我国药用枸杞的主要产地。

5. 灿烂的枸杞文化

在中华杞乡，枸杞自古以来不仅是人们药用、食用、保健的珍品果实与佳酿美酒的原料，而且是人们图腾崇拜、歌咏颂赞的精神载体，是汩汩流淌在人们血液中的文化基因。由其而派生的枸杞民俗文化博大精深、千年传承，优美动听的枸杞传说、民间故事、谚语、歌谣，寓意深刻，丰富多彩的枸杞剪纸、刺绣、根雕、木烫画等多种民间艺术色彩纷呈，形成独具魅力的民俗文化风景线。

（三）
药食同源的佳品

在人类漫长的发展进化及需求过程中，枸杞作为"药食两用"经济作物的作用与地位，随着人类对其认识的加深而得到不断提升，先后经历了野生利用、人工驯化、适地栽培的发展过程。枸杞的早期利用只是作为一种果品食用，在饥荒年份对于当地居民的生存尤为重要。劳动人民在长期的食用过程中，发现其具有良好的强身健体功效，逐渐被医学家所应用和推崇，并产生了枸杞茶、枸杞酒、枸杞膏、枸杞汤等保健产品。

1. 枸杞医药

药用价值：从刘禹锡到陆游，从孙思邈到李时珍，从《神农本草经》《千金翼方》到《本草纲目》《中山药典》，都对枸杞有过文学描述或药理论述，中宁枸杞以其药用、食用、保健美容价值高，抗癌、益智、养颜、滋补功效强而驰名中外，为历代宫廷贡品，帝王将相、达官贵人竞相享用，现在成为全体人民治病强身、保健美容、佐餐品茗、馈赠亲友离不开的珍品。枸杞从根到叶，都有极大的药用价值，果实枸杞子为扶正固本、生精补髓、滋阴补肾、益气安神、强身健体、延缓衰老之良药，对慢性肝炎、中心性视网膜炎、视神经萎缩等疗效显著，对糖尿病、肺结核等也有较好疗效，对抗肿瘤、保肝、降压、降血糖以及老年人器官衰退的老化疾病都有很强的改善作用。

我国诸多古代名医都有用枸杞配药治病的记载，晋朝葛洪单用枸杞子捣汁滴目，治疗眼科疾患；唐代孙思邈用枸杞子配合其他药制出补肝丸，治疗肝经虚寒，目暗不明；唐代李梴《医学入门》中的五子衍宗丸，就是用枸杞配合菟丝子等做成蜜丸，用淡盐水送服，治疗男子阳痿早泄、久不生育，须发早白及小便后余沥不禁；明代李时珍在《本草纲目》中说："枸杞使气可充，血可补，阳可生，阴可长，火可降，风可祛，有十全之妙用焉。"

保健功能：枸杞主治五脏内邪火、热气、消渴、风痹和湿症，久服坚筋骨、轻身不老，耐寒暑补精气不足，具有增强免疫、降脂、降压、降糖、明目安神作用，具有滋阴补阳、抗疲劳、黑须发、养颜美容、延缓衰老、令人长寿等功效。中宁枸杞作为滋补强壮剂治疗诸虚各症及肝肾疾病疗效甚佳，能显著提高人体中血浆睾酮素含量，达到强身壮阳之效果。每天服用枸杞能显著提高巨噬细胞吞噬能力，增强人体免疫功能，抑制癌细胞增长，有效预防艾滋病。枸杞子食用，泡酒熬膏，早晚嚼食，泡茶泡水，煲汤药膳，各有风味。鲜嫩枸杞苗做菜，爽而不涩，风味独特。

枸杞 的 营养成分（每100克中含）

成份名称	含量	成份名称	含量	成份名称	含量
维生素A（毫克）	1625	胡萝卜素（毫克）	9750	能量（千卡）	258
维生素C（毫克）	48	维生素E(T)（毫克）	1.86	脂肪（克）	1.5
钙（毫克）	60	硒（微克）	13.25	钾（毫克）	434
钠（毫克）	252.1	镁（毫克）	96	铁（毫克）	5.4
锌（毫克）	1.48	磷（毫克）	209	铜（毫克）	0.98
碳水化合物（克）	64.1	膳食纤维（克）	16.9	水分（克）	16.7
视黄醇（毫克）	0	硫胺素（微克）	0.35	核黄素（毫克）	0.46

提高免疫：枸杞中所含的枸杞多糖（LBP）对处于同功能状态的巨噬细胞均有明显的促进作用，能够提高机体免疫功能，增强机体适应调节能力。食用枸杞子不但可以增强机体功能，促进健康恢复，而且能提高机体的抗病能力，抵御病邪的侵害，增强机体对各种有害刺激的适应能力。

抗衰防癌：枸杞子为延缓衰老之良药，自古以来就是滋补强壮养人的上品。枸杞可有效增强各种脏腑功能，改善大脑功能和对抗自由基的功能，具有明显延缓衰老的作用。枸杞子对癌细胞的生成和扩散有明显的抑制作用，当代实验和临床应用的结果表明，枸杞叶代茶常饮，能显著提高和改善老人、体弱多病者和肿瘤病人的免疫功能和生理功能。癌症患者利用枸杞再配合化疗，有减轻毒副作用，防止白细胞减少，调节免疫功能等疗效。试验研究发现：枸杞片中含有的微量元素锗有明显抑制癌细胞的作用，可使癌细胞完全破裂，抑制率很高。

养颜明目：枸杞子可以提高皮肤吸收养分的能力，起到美白的作用。枸杞子对银屑病有明显疗效，对其他皮肤病也有不同程度的疗效。枸杞子还具有显著的明目作用，所以俗称为"明眼子"。历代医家常使用枸杞子治疗肝血不足、肾阴亏虚引起的视物昏花和夜盲症。著名方剂杞菊地黄丸就以枸杞子为主要原料。民间也常用枸杞子治疗慢性眼病，枸杞蒸蛋就是简便有效的食疗方。

其他药理：枸杞除有上述医药功能之外，还能显著增加肌糖原、肝糖原的储备量，提高人体活力，有抗疲劳的作用；可以改善大脑功能，增强人的学习记忆能力；可以提高人体的适应性防御功能，使人遇到伤害性刺激如缺氧、寒冷、失血等情况时，增强忍耐承受能力；可以促进造血细胞增殖，使白细胞数增多，增强人体的造血功能；可以显著降低血清胆固醇和甘油三酯的含量，减轻和防止动脉硬化，治疗高血压，是冠心病人的良好保健品；对过敏引起的胃肠道出血、关节疼痛等症状有缓解作用；具有保肝补肾的作用，能抑制脂肪在肝细胞内沉积，并促进肝细胞的新生；由于枸杞子含有胍的衍生物，可以降低血糖，作为糖尿病人的保健品；此外，每日用枸杞子冲茶，还可以减轻体重，治疗肥胖症。

2. 枸杞饮食

我国采食野生枸杞，早在《诗经》里已有记载。唐宋时期，这类记载颇多。唐代陆龟蒙在《杞菊赋》中称"春苗恣肥日，得以采撷之，以供左右备案。及夏五月，枝叶老梗气味苦涩，……"这是采嫩芽、芽条作为菜食。在日常生活中，人们对枸杞生吃、蒸吃、煮吃、泡茶、泡酒等也很常见，这与古人养生是一脉相承的。

（1）枸杞菜谱

枸杞嫩芽菜

春天采枸杞的嫩茎和嫩叶称为枸杞芽菜，其营养丰富。

枸杞翡翠豆腐

原料：油菜心500克，水豆腐300克，枸杞10克，花生油10克，精盐6克，姜末6克，葱末5克，味精2克，香油10克，高汤350克，水淀粉适量。

枸杞嫩芽菜（周红/提供）

制作方法：①炒锅上火，注入1 000克清水，放入盐4克，烧开后将豆腐块倒入锅内焯2分钟后捞出；②锅中剩水倒掉，锅刷净上火，注入高汤，放入枸杞、姜末、葱末、精盐、味精，将豆腐入锅煮3分钟，使之入味，捞出控汤；③在锅内放花生油，再放入油菜心炸一下，捞出，叶朝外，根部朝里呈圆形码在盘中；④将之前煮好的豆腐放在码好菜心的盘中，呈蘑菇形。

枸杞翡翠豆腐（周红/提供）

特点：此菜为高蛋白、低脂肪、低胆固醇、多维生素之菜肴，具有滋阴补肾、增白皮肤、减肥健美的作用。

枸杞菜粥

原料：枸杞2大匙，米饭1茶碗，水6杯，油菜1棵，盐1小匙多。

枸杞菜粥（周红/提供）

制作方法：①油菜洗净，去根，放在加盐的热水中焯一下，切成3~4厘米长的段；枸杞子若是鲜品，则不需处理，若是干品，需浸泡温水中，使其变柔软。②米饭加入深锅中，加水煮沸，用文火煮1小时，加入盐、青菜、枸杞子，稍煮一下即成。

枸杞烧鲫鱼（万宝生/提供）

特点：油菜中富含钙、磷、铁、胡萝卜素和维生素，加上枸杞的滋补药用价值，是中老年人和身弱体虚者的食用佳品。

枸杞烧鲫鱼

原料：鲫鱼1条，枸杞12克，豆油、葱、姜、胡椒面、盐、味精适量。

制作方法：①鲫鱼去内脏、去鳞，洗净；葱切丝，姜切末。②油锅烧热，鲫鱼下锅炸至微焦黄，加入葱、姜、盐、胡椒面及水，稍焖片刻。③投入枸杞子，再焖烧10分钟，加入味精即可食。

功效：枸杞可防治动脉硬化，鲫鱼含脂肪少，有利减肥。

枸杞粥

原料：枸杞子25克，大米100克。

制作方法：先将大米煮成半熟，然后加入枸杞子；煮熟即可食用。

特点：特别适合那些经常头晕目涩、耳鸣遗精、腰膝酸软等症病
人。肝炎患者服用枸杞粥，则有保肝护肝、促使肝细胞再生的良效。

枸杞粥（万宝生/提供）

（2）枸杞茶

龙眼枸杞茶：龙眼和枸杞是两种很好的补品，枸杞具有解热、治疗
糖尿病的作用。

龙眼枸杞茶（何太成/提供）

西洋参枸杞茶：西洋参能滋阴去火，很多人喜欢喝西洋参茶。

西洋参枸杞茶（何太成/提供）

黄芪枸杞茶

黄芪又名独根，具有延缓人体衰老、增强和调节机体免疫功能的作用。因其富含微量元素硒，又是一味治癌良药。黄芪和枸杞同用，有较强的提高机体抗病能力的作用，肺癌术后的患者，可坚持以芪、杞茶代茶饮，可提高机体免疫功能。

黄芪枸杞茶（何太成/提供）

桂圆红枣枸杞茶

桂圆干红枣枸杞茶能护眼，对电脑族、眼睛干涩等患者来说，每天
喝能够明目。

山楂枸杞茶

简单有效减脂茶，上班减肥两不误。

桂圆红枣枸杞茶（何太成/提供）

山楂枸杞茶（何太成/提供）

枸杞五味茶

枸杞子、五味子各6克，用开水泡茶饮用，有强身作用。

枸杞五味茶（何太成/提供）

（3）枸杞酒

延年益寿酒 《中藏经》

原料：黄精30克，天冬30克，枸杞子20克，松叶15克，苍术12克，白酒1 000克。

制作与用法：黄精、天冬、苍术切成小块，松叶切成碎末，小布袋盛，同枸杞子拣净，一起装入瓶中。再将白酒注入瓶内，摇匀，静置浸泡10～15天，即可饮用。早晚各服一次，每次10～15克。

功效：补虚，强身，延年益寿。

枸杞酒（孙学军/提供）

枸杞菖蒲酒 《要方》卷五

原料：枸杞根50千克，菖蒲2.5千克。

制作与用法：上药以水4石，煮取1石6斗，去渣，取汁，酿2斛米酒（按常规酿酒法）。熟，稍稍饮之。

功效：缓急风，四肢不遂，行步不下，口急及四体不得屈伸。

五加枸杞酒 《要方》卷十二

原料：五加皮、枸杞子各1斗。

制作与用法：上二味切碎，以水1石5斗，煮取汁7斗，分取4斗，浸取1斗，赊下斗拌饭下米。如常酿酒法，熟压取汁服之，多少任性，禁药法，倍日将息。

功效：虚劳不足。

补益杞圆酒 《中国医学大辞典》

原料与制作：枸杞子，桂圆肉各等量。制酒服之。

功效：补虚，开胃，益脾，滋肾，润肺。治五脏邪气，七情劳伤，神志不宁等症。

菊花枸杞酒 《民间方》

原料：甘菊花2 000克，生地1 000克，当归500克，枸杞子500克，大米3 000克，酒取适量。

制作与用法：将四味药入锅中加水煎成，用纱布过滤，取汁待用。

将大米煮半熟沥干，和药汁混匀蒸熟，按常酿酒法，拌酒曲，装入坛中，四周用棉花和稻草保温发酵，直到味甜即成。早晚各一次，每次3汤匙，用开水冲服。

功效：养肝肾，利头目，抗衰老。适用于肝肾不足的头痛，头晕，耳鸣目眩，手足震颤等症状。

枸杞蜂蜜酒 《健康顾问》

原料与制作：用枸杞子150克。地骨皮20克，蜂蜜100克，45°~60°白酒1 000克，浸泡1~2月，取饮。每天10~20毫升。

功效：可抗癌，补肾，益肝。

枸杞地黄酒

原料：鲜枸杞100克，生地黄汁，米酒各适量。

制作与用法：将枸杞洗净入瓷瓶内加酒浸泡21天。开封后加入地黄汁，用三重纸封口，至立春前30天开瓶即可取用。每日10~20毫升。

功效：补气血，安心养神。

枸杞熟地酒

原料：熟地黄55克，淮山药45克，枸杞子50克，茯苓40克，山茱萸25克，炙甘草30克，黄酒1 000毫升。

制作与用法：将诸药择净，用清水200毫升，合黄酒一起煮诸药30分钟。待药沉淀之后，用纱布过滤，过滤后的药渣用纱布包好，仍浸泡在药酒中。口服，日服一次，每次一小盅，晚饭后再用。

功效：补肾助阳，适用于五更泄，老年人夜晚口干、盗汗等。

（4）枸杞汤

枸杞地黄汤

原料：用枸杞子10克，生地黄30克。

制作与用法：煎汤，每日口服3次可美容、去皱、去雀斑。

黄芪红枣枸杞汤

原料：黄芪15克，红枣15枚，枸杞15克。

制作与用法：将三种原料加水适量，文火煮1小时以上。每日1剂，分2～3次服，食枣喝汤，连服15天为一疗程。

功效：益气固表，强身健脑。

（5）中外养生

唐代著名诗人刘禹锡曾长期服用枸杞饮品，有两句佳诗留传于世："上品功能甘露味，还知一勺可延龄"。

唐代宰相房玄龄，因国事操劳过度，身心衰惫，后来坚持食用枸杞银耳羹，也收到了保健强身的良好效果。

宋朝诗人陆游在60岁左右，因肝肾功能欠佳，且眼睛昏花，大夫建议他多吃些枸杞，为此他又写了诗句"雪霁茅堂钟磬清，晨斋枸杞一杯羹"。这是他的养生心得，枸杞粥助他高寿85岁。

清代慈禧太后服食的益寿膏、长春益寿丹中，枸杞都是其中一种重要的食材。

清末民国初年的中医药学者李清云，在世256年，是世界上著名的长寿老人。他健康长寿的原因有三：一是长期素食，二是内心保持平静，三是长年把枸杞煮水当茶饮。

民国时中宁枣园堡寿星崔信长期食用枸杞和枸杞茶，活到105岁，据人口普查数据显示，中宁百岁长寿老人很多。新中国成立初期，新堡镇晚清遗老马永信长期服用枸杞，百岁新牙，世人称奇。《宁夏日报》为此进行了专门报道。

日本人竹田千继读了《神农本草经》后得知枸杞有延年益寿之效，就在春夏季食枸杞子，冬天食枸杞根，并用茎根泡酒服之，结果年老以后也耳聪目明，一如少年。他在97岁时依然头发乌黑、肌肤润泽，并在参见天皇时，献上枸杞药，帮助天皇治病。最终，天皇也活到了101岁。

多样化的生

态服务功能

宁夏中宁枸杞种植系统

三

（一）
保护生物多样性

中宁县主要植被类型为荒漠草原型植被，覆盖面积1 580.49平方千米，占全县自然植物面积的67.31%。据不完全统计，本县有种子植物41科415种，其中天然植物30科223种，栽培植物28科192种，禾本科、豆科、菊科、藜科占全县植物种类的一半以上。野生脊椎动物5纲、23目、59科179种以上，主要经济动物约80种。属于国家保护的一类珍贵动物有黑鹳、中华秋沙鸭和冠麻鸭3种，属于国家保护的二类珍贵保护动物有白琵鹭、天鹅、蓑羽鹤、灰鹤、棕头鹤、金钱豹、青羊、鹿等11种。中宁县主要农作物品种有近170种，其中小麦7个、水稻27个、玉米11个、茄子5个、番茄17个、瓜类47个、辣椒7个、豆类15个、甘蓝8个、萝卜13个。同时，中宁的土地肥沃，气候适宜，生长着90余种中草药。人工栽培的中草药主要有枸杞、甘草，野生的中草药有银柴胡、菟丝子等。

中宁枸杞种质资源多样、繁殖能力强，开发利用集中于几种。中宁县存在许多特殊的野生枸杞资源，如黑果枸杞富含花色苷对DPPH自由基、羟基自由基和超氧阴离子自由基均具有良好的清除作用；黄果枸杞多糖含量较栽培枸杞高34%，而且开发果汁饮料具有色泽清爽、生药味淡等特点；还具有多种抗病、抗虫资源的野生资源品种。但是用于人工栽培的品种主要集中于有限的几种。此外，由于枸杞的繁殖能力很强，农民家房前屋后往往生长有野生枸杞，成为主要的野生绿化植物，对枸杞种质资源的保护与延续发挥着重要的作用。

（二）
保持水土

　　枸杞生长地带为清水河与黄河交汇的黄河冲积平原，其表面多被黏土或沙土层覆盖，极易发生水土流失。枸杞发枝力强，树冠覆盖度大，根系发达，主根深可达10米，侧根纵横交错，密集于土层1米深处，水平幅度可达6米，通过大规模种植枸杞，可有效发挥防风固沙、水土保持、固堤护坡的作用。

（三）
调节小气候

　　中宁县气候干燥，昼夜温差大，光照强烈。成龄枸杞叶面积指数2.8～3.2，大面积种植有效蒸腾面积大，由于有效蒸腾向空气中释放水分，缓和了空气湿度和高温干旱，对于调节区域小气候具有重要作用。此外，林地植物通过光合作用，能吸收大量二氧化碳，释放氧气，同时可吸附灰尘，吸收有毒气体，减少噪音，具有良好的调节气候、净化空气的作用。

（四）
美化景观

1. 自然景观

中宁县境内山体层层排列、鳞次栉比。地势四面高，中间低，海拔在1 160~1 350米。北部、东部和南部多为山地和丘陵，地域广阔，是牧草基地。中宁境内山地面积671.25平方千米，占全县土地总面积的21.07%。东南部主要有牛首山、烟洞山、红梧山、天景山、米钵山等。北山历史上属于贺兰山南段，主要有胜金关山、双龙山、碱沟山、菊花台山等，峰岭绵亘数十里，是中宁抵御腾格里沙漠侵袭的天然屏障。

黄河自西向东转北横贯全境，清水河流经中宁县境南部和西部，受河水冲积影响黄河两岸形成一条东西狭长的带状洪冲积平原，是中宁优质枸杞基地。位于中宁县城西部5千米的中宁万亩枸杞观光园包含了两个万亩无公害示范园区与游客接待中心，游客可以在这里了解中宁枸杞的产业发展状况。园区为集度假旅游、休闲观光、技术培训、专业考

一望无垠的枸杞地

中宁明长城遗址（马文君/提供）

察、科普教育、民俗采风、特色产品交流为一体的精品旅游区。每年6～11月是枸杞的产果期,7、8月为盛果期，这个季节到枸杞园观光旅游，处处是硕果盈枝、鲜红欲滴的红枸杞。

2. 人文景观

中宁枸杞栽培不仅形成了令人叹为观止的自然景观，在中宁枸杞万亩观光园周围，散落着休闲垂钓中心、黄河文化城、枸杞批发市场、中国枸杞商城、石空大佛寺，还有蔚为壮观的明长城、双龙山石窟、泉眼山古今水利工程、南河子公园等旅游景点与之遥相呼应，形成了相对集中的枸杞旅游观光区域。

此外，位于中宁舟塔的茶坊庙有近千年的历史，是古代枸杞商贩集中交易枸杞的场所。位于中宁县城的中国枸杞博物馆，是国内首座以枸杞文化展示为主题的博物馆。作为一座层塔式建筑，博物馆里由上至下分为枸杞历史介绍、枸杞文化展示、枸杞加工流程、枸杞产品会展和枸杞国内外销售分部5个展示专区。除了展示枸杞的历史、文化、加工流程等，该博物馆还集中展示了"中国枸杞之乡"——中宁县50年来的发展历程。

（五）
养分循环利用

　　枸杞抗盐碱性强，适应性广，抗虫抗病，对自然环境的适应能力强。常把枸杞作为土壤沙化的绿化先锋树种。农田由于长期灌水，灌溉水深层渗漏，大面积种植枸杞可防止次生盐渍化与改良盐碱。同时，在枸杞栽培的过程中，施入有机肥，合理搭配氮、磷、钾肥，适量补充微量元素肥料，采用配方精准施肥，繁殖大量土壤有益微生物，对改善土壤通透性，增加土壤空隙，实现养分循环利用具有重要的意义。

厚重的枸杞文化

宁夏中宁枸杞种植系统

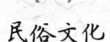

（一）

民俗文化

　　民俗文化，是民间民众的风俗生活文化的统称，也泛指一个国家民族地区中集居的民众创造、共享、传承的风俗生活习惯，是在普通人民群众相对于官方的生产生活过程中所形成的一系列物质的、精神的文化现象，具有集体性、普遍性、传承性和变异性。

　　中宁人民的社会文化生活充满了枸杞的元素。枸杞药食兼用的医疗保健功效和其耐贫瘠、耐干旱、不择地而生的强大生命力，深深地影响着人们的生活。有关枸杞的歌谣随处可以听到，有关枸杞农业生产经验、枸杞的医药功能、致富之本、美好象征的谚语数不胜数，一代代口口相传，传承着杞乡的枸杞文化。另外还有红枸杞剪纸、枸杞刺绣、枸杞雕刻、枸杞神话传说已经是家喻户晓的传统文化，他们由重要的文化传承形成，传递着中宁人民长期形成的枸杞文化。这些文化一方面指导了农业生产，同时丰富了人民的精神生活，并作为世界观、价值观形成的基础，伴随着社会的发展，成为社会稳定、文化发展的原动力。中宁是枸杞的发源地，在长期的生产实践中，生活在这片神奇土地上的人民，与枸杞相生相伴、共存共荣、繁衍生息，结下了深厚的情缘。枸杞在杞乡人民心中不仅是一种古老植物的存在，而且是一种精神上的向往和寄托。

【枸杞传说】

仙 人 杖

　　中国历史的各个时期，都有枸杞的传奇故事。古人认为常食枸杞可以"留住青春美色""与天地齐寿"，因此，枸杞花被称为"长

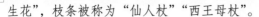

生花"，枝条被称为"仙人杖""西王母杖"。

晋代葛洪在《抱朴子·内篇》称枸杞为西王母杖、仙人杖。究其此说的来历，在现代人周瘦鹃的《拈花集》中找到了答案：传说西王母是神仙中的天上仙人，那西王母杖一定是她老人家使用的一根仙人杖，谁知仙人杖却是山野中一种植物——枸杞的茎秆所成。其花、叶、根、果都可作药，有益精补气、壮筋骨、轻身不老之功；其形因茎秆坚硬可作拄杖，又因其功效之多，所以雅号仙人杖。

龙树与千岁枸杞

唐代润州有个开元寺，寺里有一口井，有一天，突然从此井口冒出两缕青烟，继而又从井中窜出两条巨龙，在井的上空昂首摆尾，翻滚了一阵子后，回头向井内吐了两颗红色耀眼的龙珠，然后便腾云驾雾直奔东海而去。龙珠在井中变成了两棵大枸杞树，树根扎在井壁的砖缝里。此树长了多少年谁也说不清，只是它粗壮的茎干和灰白色的枝条沿井壁下垂，长达两米余，枝繁叶茂，好像两条意欲向上腾飞的巨龙，故乡民称枸杞树为龙树。居住在此的居民世世代代饮用此水，人们大都长寿。久而久之，乡民们给该村起了一个吉祥的名字叫长寿村。

宋徽宗时，顺州筑城，民工们在土中挖到枸杞的根，其外形如犬，立即献入宫中，这就是传说中的千岁枸杞。

竹 杖 曾 孙

相传在北宋年间，流传着这样的故事：传说某日有位朝廷使者奉命离京赴四川等地办事。途中遇见一位姣柔婀娜、满头青丝、年方十六七岁的姑娘，手执竹竿、口里一边嘀咕唠叨一边追打一个白发苍苍、弓腰驼背的老翁。老翁前躲后藏很是可怜，使者见状便下马挡住那姑娘责问：此老者是你何人，你应尊敬老人，为何如此对待他？那姑娘回答：这人是我的曾孙儿。使者惊道：那你为何要打他呢？答曰：家有良药他不肯服食，年纪轻轻就这样老态龙钟的，头发也白了，牙齿也掉光了，就因为这个，我才要教训他。使者好奇地问道：你今年多少岁了？姑娘应声说：我今年已有372岁了！使者听后更加惊异，忙问：你用什么方法得到高寿的呢？姑娘说：我没有什么神秘方法，只是常年服用一种叫枸杞子的药，据说可以使人与天地齐寿。使者听罢，急忙记录下来，相传至今。

地　仙

枸杞，人们叫它"地仙"，俗称地骨皮。它有一个古老又神奇的传说。很久很久以前，一位勤劳的张老汉，一辈子辛苦耕作，日晒雨淋，到老年身患痈疽恶疮，流脓血不止，多方治疗不愈，整天为此忧虑。一天夜间，张老汉做了个梦，梦见自己在村外转悠，碰见一位身穿黄色长褂的白胡子老头，老头对张老汉说：你不要为长疮忧愁，村西头草丛里长有一棵小树，枝条弯曲，上边还结有小红果，你把它连根挖出来洗干净，先刮去上边的粗皮，再刮下细白瓤，把粗皮和树根骨一起熬汤，先喝一部分，留下一部分淋洗患处，把脓血洗干净后，用白瓤贴患处，不久就会痊愈的。白胡子老头说完就领着张老汉到村西头挖树根。张老汉正用力挖时，白胡子老头不见了，张老汉从梦中也惊醒了。张老汉醒后思索着梦里的事，自言自语说：我是不是不该死？有救星！这一定是神仙指点。天刚蒙蒙亮，张老汉立即起床，带上镢头去找那棵小树。到村西头一看，那里果真长着一棵带刺并结有小红果的树。他高兴极了，把小树连根挖回家，按照梦中白胡子老头指点的方法进行治疗，连续服用了数十天，痈疽就痊愈了。事后张老汉把这件事告诉了周围的乡民。乡民都说这件事稀奇，白胡子老头用树根给张老汉治好了病，是神仙方。有的说白胡子老头身穿黄色的长褂跟土地神仙一模一样；有的说他身穿长褂的颜色与那棵树根皮的颜色相同，肯定是土地神仙变的。大家为了纪念这棵树，就给这棵树起名为"地仙"。从这以后，乡民们凡是有长痈疽恶疮的就挖地仙来治疗，无不见效。这里说的"地仙"就是枸杞的根——地骨皮。

狗　妻

很久以前，中宁这个地方中间是黄河，黄河两岸到处是河滩和水，人们只好在南山坡一带居住。有一个叫狗娃的小伙子娶了一位贤惠的妻子杞氏，小两口恩恩爱爱。结婚不到一年，狗娃为了养家糊口，只好到外地给人做长工。

自狗娃走后，妻子在家里辛勤操劳着二三亩荒地，将就着过日子。她一直盼望着狗娃回来，两年过去了，连个音讯也没有，直到第三年腊月天，狗娃得重病回家来了，虽然想尽了办法，但治了半年多也没见好转。

六月的一天，狗娃家柴火烧光了，因狗娃有病不能下地，妻子就拿上斧子到后山砍柴，她砍了一大捆柴背上往回走，走到半路，累得实在不行了，便坐下缓缓，顺手掏出手帕擦擦汗，抬头望天，太阳快落山了，她准备动身回家。往起一站，看见崖头上有棵小树像一把小伞一样，他上前细看，只见绿茵茵的树上，结满了一串串的红果子。她摘了几粒，放到嘴里，又甜又解渴。她高兴极了，掏出手帕，从树上摘了一些红果子用手帕裹好，背上柴回家去了。

到了家里，她将摘来的红果子洗净，用开水泡上，端来给狗娃吃果喝汤。经过十多天的服用，狗娃的病慢慢好转，不到二十天，病全好了。夫妻俩高兴极了，到了山崖头上将这棵小树移回来，栽到家门前，精心看护。第二年，小树长得苗壮茂盛，到了六月，紫色的五瓣小花开得满满的，稀稀拉拉的还结了不少红果子，夫妻俩高兴极了。

这一年，这棵树收了几斤红果子，他俩就摘下来晒干，村里的人生病，他们就送去一些，让病人用水泡上喝，结果病人全都好了。村里人为了感谢狗娃的妻子，便将这棵小树起名"狗妻"。后来，人们都知道红果子能治病，都来向狗娃要种子自己回家去种，方圆百里，越种越多。从那时起，"狗妻"就在中宁传开了。不知道又过了多少年，人们将"狗妻"叫成了"枸杞"这个名字。

【民间故事】

茨根与茨苗

茨在宁夏是枸杞树的简称，红果子又是枸杞子的俗称。据说很早以前，宁安堡有一家来自山西的商人，专门倒腾枸杞、二毛皮、甘草，这位商人很有钱，可人世间没有十全十美的事，正应验了老辈人常说的一句谚语，人无三子全，即胡子、银子和儿子。有胡子、有银子必定缺儿子；有胡子、有儿子必定缺银子；有银子、有儿子必定没胡子。正巧这位姓刘的商人不但是络腮大胡子，而且银子多得连自己也数不清楚，美中不足的就是无儿无女。老两口各抱一个紫砂茶壶，在偌大的屋里只听到喝茶声、唉声叹气的埋怨声，就是听不到孩子喊娘叫爹的欢乐声。又过了几年，也许是老天同情老两口，看到老两口钱多不薄人，整天吃斋念佛，扶贫济困，乐善好施，就送给他们一个闺女。闺女也好，儿子也罢，老两口总算有了子女。自从有了孩子，老两口乐得总是合不拢嘴，整个心思放在宝贝丫头的身上，真是含在嘴里怕化，放在炕上怕吓，就这么宠爱着抚养到了五岁。孩子一天天大了，胖了、白了、俊了，可就是只会张嘴吃饭，不会张嘴喊爹叫妈。这天是二月二龙抬头的日子，老商人家来了一位老道，进门看着老商人的宝贝闺女，便高深莫测地说，这闺女不是一般的凡人，不张嘴说话是有因情的，得把她过继给带有灵气的东西，方能让她张嘴说话。

老商人家住在县城清水河畔，小桥流水，花草树木，清水秀石都透着丝丝清幽的灵气。老商人抱着闺女四处寻找可以过继的灵物，说来也怪，无论把孩子带到哪个地方，都无济于事，唯独来到小河边的一块茨园子，这宝贝闺女跃跃欲试，好像要张嘴说话，可一抱走，孩子又显得急不可耐，哇哇地直叫唤。老商人觉得这孩子指定和茨有缘，便在一个月朗星稀的夜晚，跪在一棵挂满红枸杞的大茨前，点烛焚香，把孩子过继给了这棵老茨，并给闺女取名"茨苗"。

人世间的事真有点说不清道不明，老商人把闺女过继给那棵老茨不到一个时辰，孩子一觉醒来就会甜甜地喊爹叫妈啦。但有一个缺陷，就是性情特别好动，疯疯张张不像闺女那么文静，倒像个调皮的傻小子。

茨苗长到10岁，母亲去世了，留下她与父亲相依为命。父亲一心想让茨苗出人头地，光宗耀祖，做一位大户人家的才女，做"李清照"的传人，可是他的这位宝贝闺女不爱读书，整天跑到茨园子里玩耍，成天不着家，父亲问她到茨园子玩什么，她憨笑着冒出一句：我在和茨说话。父亲听了有点失望，摇头叹道：看你那副傻样，以后嫁不出去咋办呢！

茨苗不管这些，仍然每天跑到茨园子和茨说话玩耍。15岁那年，她在那棵大茨旁遇见了一个和她年纪相仿的英俊少年男子。少年男子一看见茨苗，就眨巴着一双浓眉大眼痴痴地笑，茨苗不由地也跟着憨憨地笑了起来。英俊少年告诉茨苗他叫茨根，以后会经常到茨园子里来玩的，茨苗一听茨根的话乐得凤眼眯成一条细缝缝。

春去秋来，一晃三四年过去了，茨苗长成了一位丰满美丽的大姑娘，茨根则长成了腰圆体壮的小伙子。这天，到了红果子收获的季节，茨苗红着脸轻声问道：茨根哥，以后你有什么打算呀？茨根糊里糊涂，不知道茨苗说的是什么意思，就回了一句：天天陪你玩呀，好不？

茨苗一听，脸更红了，说：你都老大不小的了，就没想过娶媳妇吗？茨根憨憨地笑道：我没家没主的，哪家姑娘都不会嫁给我的，所以，我想也不想了。

茨苗急道：谁说没姑娘肯嫁给你呀？我就想……做你的媳妇。说罢，害羞地把头扭了过去。

茨根说：娶媳妇干啥！听说娶媳妇要花很多很多钱的，我家穷，没钱娶你的。你长得那么漂亮，还是嫁给那些有钱人吧！

茨苗一听呜呜地哭了起来，边哭边说：我们在一起五六年了，我已经把心都给你了，想不到你……

茨根见茨苗哭得伤心，急得抓耳挠腮：你别哭了，别哭了，这样吧，我回家想想，再说好吗？

茨苗一听，立刻破涕为笑：你答应就好，我今生今世非你不嫁！

天刚擦黑，茨苗就飞奔回家，见到父亲，把自己的心事说了，父亲一听心里咯噔了一下。他问茨苗可知茨根家里的情况，茨苗说：茨根没提起过，我也没问。老商人就暗暗打听附近是否有个叫茨根的小伙。可是打听来，打听去，也没人听说这方圆十多里的宁安堡有个叫茨根的青年人。

老商人心急如焚，他怀疑疯丫头多半年是撞见了妖精。等茨苗来找他商量婚事的时候，老商人就把自己的想法告诉了茨苗，但是茨苗不懂啥叫妖精，又觉得特别稀罕好奇，老商人就说：好闺女，你什么都不要管了，你再见到茨根的时候。照我说的做就行了。接着，在茨苗的耳旁悄悄地嘱咐了一番。

这天早晨，太阳还没有把红红的果子上的露水晒干，茨苗就急急忙忙地到了茨园，见茨根早就在老地方等她了。茨根见到茨苗，高高兴兴地跑过来问长问短，当得知茨根决定娶她为妻后，茨苗兴奋不已，就在茨根开心地拉着茨苗在茨园转悠的时候，茨苗突然哎哟一声，捂着肚子喊起痛来，边喊边痛苦地摇头说：是小时候的老毛病又犯了，我好难受呀！茨根哥快帮帮我呀！

茨根一看茨苗痛成这个样子，也顾不得一切，就用自己的嘴对着茨苗嘴吹了起来，茨苗觉得有股香甜的暖流顺着喉咙缓缓流向腹部，非常舒服，她想停止叫痛，但一想到父亲的话，只得继续装痛下去。茨根一看茨苗痛得不轻，非常心疼，轻轻叹了一口气，一用力，从嘴里吐出一颗内丹，拿给茨苗，让她含在嘴里。

茨苗一见这内丹，心里暗暗佩服起父亲，心想，老爹怎么知道茨根有治病的内丹啊？这么一想，她就按照父亲说的，嘴用劲一咽，就把丹药吞进肚子。

茨根见茨苗把自己的内丹吞进肚子，一着急就晕了过去，过了好一阵，他才苏醒过来，流着泪说道：茨苗妹妹，你可把我害苦了，你吞了我的内丹，我就活不成了，实话告诉你吧，我不是人，我是这清水河畔修炼了千上年的果子精。二十年前，我修行将满，眼看着就要化为人形时，因一时心急，走火入魔，此时一定要有个新生女童与我结为千年姻缘，我才能修成正果，否则就会被打回原形，重修一千年，就在我危难关头，你爹把你过继给大茨王，阴差阳错地让你和我拜了天地。十六年后，我又重修人形与你相见，为了报答你的救命之恩，我愿与你结为百年之好，没想到此时，你却误食了我的内丹，看来我们今世缘分就要到此为止了！说完又伤心地哭了起来。

茨苗一看茨根哭成了泪人，心中又悔又恨，悔不该听父亲的话，害了茨根的性命，毁了他千年的道行，想到此，她抱着茨根哭道：是我害了你，是我害了你呀！你快把我的肚子剖开，把内丹拿回去吧。

茨根一听，感动得泪水滚滚，他深情地望着茨苗说：看来我没有看错人，你真心实意，为了救我连自己的性命都可以不要，我已经心满意足了。这内丹一旦被凡人服用，就会融化在凡人的血肉之中，男变女、女变男，而且会成为无形之物，就算剖开了你的肚子，我也不可能重新得到它了，看来，这一切都是天意，我的内丹让你服了，我也死而无憾，你若真心对我好，就把我埋在清水河畔日月能照到得到的地方，这样我可能会有重新得道的这一天，而你得到我的内丹相助，百日后会变成一位英俊的男儿，日后还会有远大的前程。

茨苗听茨根这么一说，早已哭得泪流满面。她抱起茨根觉得轻得如一片树叶，她没多想，朝着清水河畔走去，茨根十分留恋地看着茨苗，脸上带着浅浅满意的笑容，慢慢化成了一颗红红透亮的果子。

茨苗用双手在水河畔的至高点上刨着河泥，刨呀刨呀，她的一双小嫩手都刨出了血，终于刨出了一个方圆半米的小坑，她跪在松软的泥土上，把红果子放在心口焐了好一会儿才流着泪，用自己的真丝手绢把红果子包好，轻轻地放在坑内，然后用土覆盖好，做完这一切后，她一字一句地发誓道：茨苗我感谢茨根哥哥的深情厚谊，皇天后土作证，日后永世不相忘，如违誓言，天地不容，神鬼可诛，数年后的今天，定当回来拜祭，说完，一步一回头地走了。

说来也怪，茨苗自从吞下茨根的内丹后，百日后果真变成了一位貌美英俊的青年男子，而且从一个目不识丁的疯张丫头，一下子变成了个见字就识，见书就读，过目不忘的奇人。后来，他在名师的指点下，中了秀才，考取了举人。

茨苗的奇人奇事渐渐在宁安堡十里八乡传开了，人们都十分好奇，这个不会说话的哑女，怎么一下子变成了一位英俊聪明的小伙子？老商人也不解其意。但他抱着天机不可泄露的心态，人随天意，整天乐得合不拢嘴，一个劲地说：祖上积德，老天开恩。

三年后，茨苗进京赶考，他有神灵相助一般，会试殿试皆是头名。之后，他被皇上钦点为巡抚，前往各地明察暗访世间民情奇案，获得老百姓的拥护。也博得龙颜大悦，就这样，茨苗不知不觉地度过了三十年的审案生涯。

这年盛夏，正是红果子收获的旺季，茨苗奉旨回故乡查访一桩案子，茨苗日夜兼程回到阔别多年的故乡，故土早已物是人非。他选了个月明星稀的夜晚，独自一人来到清水河畔，一块显赫的地方在月光的照耀下，发出红红的玄光，茨苗默默地坐在掩埋茨根的地方，想着当年与茨根见面的情景，不禁泪流满面。

他对发着红红玄光的地方轻声说道：茨根哥呀！我看你来了呀，我虽为官几十年，却一日未能忘记当年赠丹之情，故至今日仍是独身一人，我官位高职，重权在手，但仍两袖清风回故土查访案情，信守当年之约，回来拜祭于你，不知你高兴与否？说着说着，茨苗只觉得一阵清风扑面而来，随后嗓子眼里一甜，哇一声，居然从嘴里把当年形神已化的内丹吐了出来，茨苗随即晕了过去。

等他慢慢醒来，只见一位如花似玉的姑娘正守候在他的身旁，见他醒来，姑娘高兴地叫道：茨苗，你还认得我吗？我就是三十年前形神俱灭的茨根呀！你言而有信，今日正好是七月七，又是我们三十年后之约的最后一天，我们这段旷世奇缘得到上苍的眷顾，故我得以重修正果，与你相见，一来为了和你重叙前尘旧事，二来为了度你修仙悟道，三来让红果子造福于更多的众生……

这天晚上，宁安堡的乡亲们做了一个梦，梦见茨苗与一位红衣少女，踏着五彩祥云双双手捧红中透明的果子向远方飞去……据说，红果子本是造福宁安堡一方的宝物，自从茨苗茨根腾云而去，华夏各地都能栽植红果子了。

红果子的来历

相传中宁有个地方叫红石嘴，那里土层深厚，土质肥沃，崖下是弯弯曲曲的清水河，山上长着许多奇特的植物，据说也是生长红果子的好地方。红石嘴山上每年一到六月，红果子树就开花结果，百里香飘，因为山上有老虎，谁也不敢上山去摘。

山下住着几户穷汉，有一户姓李的老汉养了个儿子叫李小虎，长到十七八岁时，听说山顶上长的红果子树上结着红果，能治百病，便暗下决心，非要上山看个究竟，以便摘一些红果子为长年卧床的父亲治病。一天，他一个人偷偷地拿着绳子和一把大斧来到红石嘴，费了好大的劲才爬到山上，不料真碰见一只大老虎。

老虎看见有人来了，猛扑过来，可李小虎从小习得一身好武艺，胆子也大，身子轻轻一闪，躲过了老虎的猛扑，等老虎转过身来，他手拿大斧，向老虎脑袋狠狠地劈了下去，老虎虽未劈着，但旁边的大树被劈成了两半，愣把老虎吓跑了。小虎爹长年有病，夏天还行，一到数九寒天，行动不便，李小虎没钱给老爹看病就想到山顶上的红果子很好吃，听说还可以治病，便摘了一些拿回家给老爹熬上喝，看看能不能治病。

这天，他摘了两荷包红果子回到家里，把打老虎和摘红果子的事向爹妈说了一遍，又从荷包里掏出红果子让爹妈尝尝。老爹一尝比蜜还甜，一口气吃了半把。第二天，他觉得腰腿好了许多，人也清爽了。李小虎一看红果子果然能治病，就提了个筐子到红石嘴山上去摘，把摘来的红果子晒干熬上汤让老爹喝，喝了不到十天，老爹的病全好了，剩下的就种到山河旁。第二年七月，山河旁红果子挂在小树上真好看，来往的行人都到山河旁去观看，有的摘几颗拿回家去种。红果子从此在中宁这块土地上传播开了，人们都用红果子治病，名声越传越远。

东方神果

15世纪末，大旅行家马可·波罗西行到中国枸杞之乡——宁夏中宁，中途饥饿，找到一处山野农家充饥，恰逢农舍老妇胃寒、染疾卧床，奈何媳妇用当地的神果枸杞煲鸡汤伺母，亦食之不尽，少妇为此已十数日满面愁云、面容消瘦。有朋自远方来，用伺母之食待客。远客食后顿感旅途疲劳消失且神旺气足。马可·波罗无以回报，就将随身所带咖啡果研磨后让老妇食之，食后顿感食欲渐增、神清气爽、不几日身体便恢复安康。随后马可·波罗认识到神奇的枸杞果为稀世中药材，便收集了许多以备游历途中解除旅途劳累之苦。有曰马可·波罗偶将东方枸杞与西方咖啡混合熬制并饮之，顿感神旺气足且味美无比，于是兴趣大增，在游历中不断完善枸杞咖啡的配方。后来，此方随马可·波罗的足迹流传于一些达官贵族家中，视为中西结合养生保健之秘籍，秘不示人。

民国年间，《宁夏民间秘术绝招大观》记载了枸杞咖啡的配方。

【枸杞民谣】

下四川

手拉手儿出了门，
我和我的干哥一路行。
哥挑红果前面走，
小妹在后面跟。
干哥脚步踏得稳，
妹妹出门铁了心。
兄妹二人一条心，
下四川，下四川！

注：这首民歌给人们留下一种信息。原来，中宁杞乡妹子曾经有人与四川担儿帮小伙子恋爱结婚，到四川婆家那里结双成对。据中宁县政协出版的《中宁文史资料》第六辑杨应林先生的专题文章《四川客、湖南客担枸杞》记载，四川省绵阳市药材公司职工贾昆成，在民国年间来中宁担枸杞，找上中宁西乡的大姑娘成了家。贾昆成已于1996年谢世，夫人每隔几年回中宁娘家探亲，他们的事迹在当地传为佳话。

想干哥

去年五月茨花开，
湘潭的哥哥杞乡来，
顺脚捎来丝手帕，
针头线脑烟卷茶。
走村串户叫卖声，
我在杞园动了心。
一把木梳哥哥情，
枸杞树下定终身。

转眼迎来六月天，
新果上市果月欢。
我为哥哥选贡果，
装箱返程回湘潭。

精选枸杞一肩挑，
杞乡的枸杞成色好。
箱箱都是情和爱，
我送哥哥南门外。
祝福的话儿记心中，
今日分别泪湿巾。
祈盼哥哥好运程，
明年过门成你的人。
茨花花上唱心声，
今生今世不变心。

杞乡福地结良缘，
叫声干哥心里甜。

枸杞歌

春天杞园花儿香，
奴家赏花心舒畅。
手拿花针刺绣忙，
杞花蜜蜂上图样。

夏天来了日头高，
奴家杞园歇阴凉。
颗颗玛瑙红果甜，
尝上几颗护心肝。

秋天来了秋果闹，
今年的收成实在好。
情哥诚心来帮忙，
晾晒的枸杞一院场。

冬天来了雪花飘，
奴家为哥做棉袄。
一针一线都是情，
来年果月咱成亲。

红果是咱命根根，
未来的日子红彤彤，
鸳鸯戏水对对亲，
一生一世不变心。

下南洋

下南洋，下南洋，
挑着枸杞下南洋。

宁安的贡果最漂亮，
南洋的客商好眼光。

下南洋，下南洋，
挑着枸杞下南洋。
宁安的枸杞多风光，
漂洋过海送健康。

下南洋，下南洋，
挑着枸杞下南洋。
宁安枸杞名声响，
药食同源都赞扬。

【枸杞谚语】

家有三分枸杞，不愁四季更衣。

麻叶，小麻叶，优良品种数第一。

栽茨摇钱树，养猪聚宝盆。

一亩枸杞园，能顶七亩田。

老眼不结货，七寸定准多。

茨顶揎得像把伞，结的果子红艳艳。

茨冠剪成三层楼，果子结得繁又稠。

茨顶揎得龟晒盖，产量低来果受害。

镰刀响，果子淌。

枸杞想晒红，中午搭凉棚。

枸杞花开满园香，肥料上足有保障。

羊粪保墒，青豆促果。

若要富，多栽茨。

青豆大粪尿盆子，珍珠玛瑙一串子。

一棵茨，一升豆，干五斤，有肉头。

枸杞若要大，追肥不可少。

要想枸杞颜色红，多拥青豆和油饼。

下雨天，栈透风，不霉烂，果又红。

芨芨笆底能透风，铺撒均匀颜色红。

白纱遮果栈，防止暴日晒，又防麻雀鸽。

枸杞铺好再别动，一动色黑无人问。

要想枸杞不得病，勤除杂草勤喷药。

烟叶水，真顶用，防止油汗和蜜虫。

家有喷雾器，不怕油汗和绿蜜。

红跑蜜，危害大，及早不防成巴巴。

下午天凉，折果适当，布袋轻摇，颜色鲜红。

茨树要长好，春秋剪枝少不了。

油条不勤揎，长得顶破天。

枸杞是中药，滋补老年体。

枸杞把，赛香茶，清凉改渴泄心火。

枸杞根，花样多，自然长成工艺品。

茨园有墙，拦住牛羊。

要想富，多栽枸杞树。

枸杞遍身宝，致富有门道。

枸杞嫩叶做道菜，招待客人最实在。

每天一杯枸杞水，健康长寿生活美。

水是枸杞命，也是枸杞病。

人勤地不懒，枸杞夺高产。

勤扳油条勤打权，结的果子红又大。

摘果手要轻，果子晒得红。

果月无闲人，老少齐上阵。

果月忙完，戏场坐满。

果月连阴雨，茨农心里急。

五月杞花六月果，一茬赶着一茬摘。

枸杞不娇贵，贫瘠盐碱都栽活。

1. 枸杞剪纸

剪纸，又叫刻纸，是中国最古老的民间艺术之一。在创作时，有的用剪子，有的用刻刀，虽然工具有所不同，但创作出来的艺术作品基本相同，人们统称为剪纸。剪纸是一种镂空艺术，其在视觉上给人以透空的感觉和艺术享受，其载体可以是纸张、金银箔、树皮、树叶、布、皮、革等片状材料。中宁是驰名中外的枸杞之乡，枸杞文化如同精神血脉流淌在杞乡人的血管之中。在长期的生产生活实践中，人们用心观察生活，创作了一大批反映枸杞文化题材的剪纸作品，丰富了杞乡人民群众文化生活，传承了杞乡博大精深的地域文化。人们称其作品为红枸杞剪纸。在中宁县境内活跃着王国文、金箴等众多的民间剪纸艺人，从事枸杞剪纸艺术创作，其作品有些在区内外展览比赛区中获得大奖，受到社会各界的广泛好评。

枸杞剪纸（王银/提供）

2. 枸杞刺绣

刺绣是一种艺术性与实用性相结合的艺术创作劳动，它是用针将丝线或其他纤维、纱线以一定图案和色彩在绣料上穿刺，以缝迹构成花纹的装饰织物的总称。刺绣的主要用途包括生活和艺术装饰，如服装、床上用品、台布、舞台、艺术装饰等。中宁地处

枸杞刺绣（王银/提供）

西部内陆，受多种文化影响，刺绣艺术成为深受广大杞乡群众喜爱的民间艺术之一。长期以来，因广大群众受红枸杞文化的渲染和熏陶，民间创作的文化产品相当一部分是以表现枸杞形态、文化传承、图腾崇拜为内容的刺绣作品，人们称其为红枸杞刺绣。这些民间刺绣艺人多分布于县城周边乡镇及大战场镇、喊叫水等移民地区。

3. 枸杞根雕

根雕，是以树根包括树身、树瘤等自然形态及畸变形态为艺术创作对象，通过构思立意、艺术加工及工艺处理，创作出人物、动物、器物等艺术形象作品。中宁是枸杞的发源地和原产地，枸杞根雕原料丰富。民间艺人通过对淘汰的枸杞树根和茎干进行艺术筛选，获取创作材料，然后根据材料形态进行艺术加工，最终形成根雕艺术作品。中宁红枸杞根雕作品多以枸杞根为创作材料，通过艺术加工形成栩栩如生的枸杞艺术作品。中宁枸杞根雕艺术创作者多为民间艺人或对枸杞根雕艺术热爱的各界人士，其作品丰富多彩，独具特色，彰显着地域文化的特色，是中华艺术百花园中的一朵奇葩。

枸杞根雕（黄巾/提供）

4. 枸杞吉祥文化

枸杞自古就被认为是一种吉祥植物。古人云，"所谓吉者，福善之事；祥者，嘉庆之征"。民俗文化中杞菊延年的吉祥图，画的就是菊花和枸杞。诗人将沾满露水珠的晶莹透红的枸杞子与神圣的宗庙祭祀、喝成不醉不归的盛大宴饮联系在一起大唱赞歌，这说明在西周时代，枸杞子就已渗透人们的精神世界与物质世界，唱红了当时的社会生活。

喜庆的枸杞文化（王银/提供）

火红的枸杞是吉祥的象征，在中国，红色象征着激情、喜庆、幸福，红色是一种成功的文化，吉祥的文化，健康的文化。好多地方过腊八节，会将洗净的豆子、泡圆的红枣、红色的枸杞煮烂与各式稻米谷粒放在一起，做成腊八粥，祈求吉利。火红的枸杞，火红文化，将吉祥的祝福带给人们，让人们感受到生活的幸福温馨。

（二）

养生文化

　　枸杞是华夏大地特种植物资源之一，不但具有经济、文化、生态三位一体的显著效益，还有药食同源的复合优势。枸杞又名"却老子"，自上而下是滋补养生的上品，在医药界是公认的极品药材，具有延年益寿的功效，长期服用能强筋骨、耐寒暑、补精气之不足。枸杞的分布范围十分广泛，然而可以入药的不多，中宁枸杞是可用于入药的上品。据明朝李时珍所著的《本草纲目》记载，"后世唯陕者良，……今陕之灵州、兰州、九原以西枸杞，并是大树，其叶厚根粗"。这里所指的地区就是今天以宁夏平原为中心的河套地区，是我国药用枸杞的主要产地。

　　中宁枸杞品质优越，除富含普通枸杞所含有的营养成分外，氨基酸总含量占8.3%，全国第一。与人体健康相关的天冬氨酸、赖氨酸、胱氨酸、苏氨酸、脯氨酸、丝氨酸6种氨基酸含量最高。铁、锌、锂、硒、锗5种与人体健康长寿相关的微量元素含量居全国同类产品之首。枸杞多糖（蛋白质多糖）含量8%，全国第一。

　　中宁枸杞产品含铅量低于宁夏以外所产枸杞的5个百分点，砷、汞、镉等重金属检出率最低且低于香港食品中重金属含量标准。

　　防癌有效成分及胡萝卜素含量达到500毫克/千克，且高于区外枸杞90%以上。

　　每百克枸杞果中含粗蛋白4.49克，粗脂肪2.33克，碳水化合物9.12

枸杞食疗（张永勋/提供）

克，类胡萝卜素96毫克，硫胺素0.053毫克，核黄素0.137毫克，抗坏血酸19.8毫克，甜菜碱0.26毫克，还含有丰富的钾、钠、钙、镁、铁、铜、锰、锌等元素，以及22种氨基酸和多种维生素。

在日常生活上，中宁人发明了枸杞生吃、蒸吃、煮吃、泡茶、泡酒等一系列饮食方法。随着科技的发展，人民物质生活水平的不断提高和健康意识的不断增强，中宁枸杞已由原来单一的药品向现在的保健食品、饮品、美容化妆品等领域迅速扩展。

枸杞养生（邓荣华/提供）

（三）
源自枸杞的诗词

　　诗词是人们阐述心灵的文学艺术，主要用于言志和抒情，诗人借助对美好事物的描绘来表达自己的情感，中宁的枸杞美化了这片土地，历代从这里经过的历史人物和诗人，也被这片激情的土地感染，对这种大地的精灵情有独钟，留下了篇篇脍炙人口传唱至今的诗篇，被世人尊为"诗圣"的杜甫，著有枸杞诗作《恶树》；唐代中晚期著名诗人刘禹锡著有枸杞诗作《枸杞井》；中国文学史上负有盛名且影响深远的诗人和文学家白居易，著有枸杞诗作《和郭使君题枸杞》；北宋文学家、书画家苏轼著有枸杞诗作《枸杞》，还有陆游、吴宽等人都留下了脍炙人口的诗句。这些诗篇激励着奋发向上的杞乡人，使他们满怀对杞乡的深深依恋和浓浓情感，在这片肥沃丰腴的土地上发展壮大奉献着自己的文化力量。他们饱含着对家乡的赤诚，用流淌的激情，描写杞园的春夏秋冬和风霜雨雪，唱着杞园的劳动号子和爱情咏叹，迎朝阳温暖，送落日温馨。希望手中握着的那支笔能够与杞园一起发芽、开花、结果，迎来果实累累的收获季节。

恶　树

杜甫

独绕虚斋径，常持小斧柯。
幽阴成颇杂，恶木剪还多。
枸杞固吾有，鸡栖奈汝何。
方知不材者，生长漫婆娑。

杜甫

枸杞井

刘禹锡

僧房药树依寒井，井有清泉药有灵。
翠黛叶生笼石甃，殷红子熟照铜瓶。
枝繁本是仙人杖，根老能成瑞犬形。
上品功能甘露味，还知一勺可延龄。

刘禹锡

和郭使君题枸杞

白居易

山阳太守政严明，吏静人安无犬惊。
不知灵药根成狗，怪得时间夜吠声。

白居易

枸　杞

苏轼

神药不自闭，罗生满山泽。
日有牛羊忧，岁有少火厄。
越俗不好事，过眼等茨棘。
青荑村自长，绛珠烂莫摘。
短篱护新植，紫笋生卧节。
根茎与花实，收拾无弃物。
大将玄吾鬓，小则饷我客。
似闻朱明洞，中有千岁质。
灵龙或夜吠，可见不可索。
仙人倘许我，借杖扶衰疾。

苏轼

玉笈斋书事（之二）

陆游

雪霁茅堂钟声清，晨斋枸杞一杯羹。
隐书不厌千回读，大药何时九转成。
孤坐月魂寒彻骨，安眠龟息浩无声。
剩分松屑为山信，明日青城有使行。

陆游

舟中行自采枸杞子

梅尧臣

野岸竟多杞，小实霜且丹。
系舟聊以掇，粲粲忽盈盘。
助吾苦赢茶，岂必采琅玕。
自异骄华人，百金求秘丸。
昔闻王子乔，上帝降玉棺。
此焉即不免，但愿在心安。

梅尧臣

与刘令食枸杞

朱翌

周党过仲叔，菽水无菜茹。
我盘有枸杞，与子同一箸。
若比闵县令，已作方丈富。
但令齿颊香，差免腥膻污。
我寿我自知，不待草木辅。
政以不种勤，日夕供草具。
更约傅延年，一饭美无度。
解衣高声读，苏陆前后赋。

谢顾良弼甘州枸杞

吴宽

畦间此种看来无，绿叶见长也自殊。
似取珊瑚沉铁网，空将薏苡作明珠。
菊苗同摘凭谁赋，药品欻收正尔须。
曾是老人宜服食，只今衰病莫如吾。

吴宽

秋征

肖如薰

新秋呈霁色，
塞草正丰茸。
杞树珊瑚果，
兰山翡翠峰。
山郊分虎旅，
乘障息狼峰。
坐乏纾筹策，
天威下九重。

竹枝词

黄恩锡

六月杞园树树红，
宁安药果擅寰中。
千钱一斗秤时价，
绝胜腴田岁旱丰。
亲串相遗各用情，
年年果实喜秋成。
永康酒枣连瓶送，
蒸枣枣园夙擅名。

咏宁夏属植物

于右任

枸杞实垂墙内外，骆驼草耿路高低。
沙蒿五色烂如锦，发菜千丝柔似薤。
比屋葡萄容客饱，上田罂粟任儿吃。
朔方天府须栋梁，蓬转于思复而思。

于右任

咏赞枸杞

爱新觉罗·溥杰
枸杞堪寿世，
甘铭足养人。
肇业基宁夏，
十亿喜回春。

爱新觉罗·溥杰

【把枸杞推为贡果的历史要人】

朱㮵（1378—1438年），安徽凤阳人，明太祖朱元璋的第十六皇子，号凝真、凝真子，母亲是朱元璋的妃子皇贵人余氏。1391年4月册封为庆王，1401年住藩宁夏（今银川市），并在韦州城居住了9年，享藩48年，在宁夏留住时间最长。

朱㮵（邓荣华/提供）

中国是最早利用枸杞植物资源的国家，但直到明代才对枸杞的开发有了空前的热情。历史注定要把枸杞的艳泽留在中宁，要让中宁人承担起枸杞的兴衰荣辱。

明代的宁夏地方志有三部，记载中宁枸杞列为国朝岁贡的只有弘治十四年成书的《弘治宁夏新志》。

非我族类，其心必异。明朝开国以后，在朱元璋的眼里，没有什么比自己的儿子更让人放心的了，像刘邦分封同姓王一样，朱元璋的十七个儿子到各地坐王。十六子朱㮵被封到宁夏做了庆王。在朱元璋的十七个儿子里，朱㮵的艺术造诣非常深厚，写诗、编志、琴棋书法，游历考察。在其编撰的《宣德宁夏志》物产部分已将枸杞列入其中。经过长期培育、食用，朱㮵所在的庆王府开始从护卫部队的农产品中精选优质枸杞，送给当朝皇帝和族亲，这种礼尚往来的配送，使得既是滋补药材又是食用果品的枸杞在皇室中披上了神秘的色彩，就像古代追求长生不老的皇帝迷恋丹药、追求极致，而罗马人对中国丝绸的渴望一度成为宫廷和上层人物的时尚一样。贪婪的欲望一旦被冠冕堂皇的理由嫁接，民间便会遭殃。

明朝初期，由于上游长期犁种山地，水土流失严重，大量泥沙涌进黄河，致南汊河道淤浅，洪水经常暴发成灾，下游的七星渠泥沙淤塞严重。明朝当局为了增加贡果的产量，趁黄河南汊淤浅的时候关闭了汊河口，让宁安堡滩归靠南岸，使宁安堡以东的黄河南汊变成清水河洪泛区，清水河下游河道由此延长了二三十里。扩大清水河洪泛区也许可以多收一些野生优质枸杞，但要满足朝廷京官的大量需求也是枉然。洪泛区军民由于引黄灌区的破坏，流离失所，饥民遍地，成为年年困扰庆王府和宁夏当局的重大问题，上京告状的事情时有发生。正德年间，朝廷宦官刘瑾专权，镇压异己，在各地增设的"皇庄"有300多处，因抢夺田增赋，引发庆王府的一起叛乱。朱㮵的侄子参与了这起针对宦官的叛乱，震动朝野，几个月后，刘瑾也以"图谋反叛"被诛。事件过后，宁夏当局对国朝岁贡立即降温，但中宁枸杞作为宫廷药膳和地方贡品的历史一直延续不断，名扬四海。

（四）
源自枸杞的现代文学创作

1. 期刊丛书专著

《红枸杞》文学期刊　《红枸杞》文学期刊于2005年创刊，由中宁县文学艺术联合会主办，10年共编辑出版40期，出版《红枸杞》专刊一期。《红枸杞》文学期刊，突出特色、彰显地域、打造精品、培养人才。在区内外产生了一定的影响，有十几个省区的文学名家和文学爱好者长期投稿。每期刊物都发送到人民日报、中国文联、国内著名文学期刊编辑部、相关省（市、区）文联、宁夏各文艺家协会、宁夏各（市、县）文联。是中宁迄今唯一具有持续外宣功能的文化品牌和创作阵地。

《红枸杞历史文化丛书》　2009年10月出版。主编：张兴斌、左新波；执编：王海荣。该套丛书包括《中宁历史文化典藏》《杞乡中宁民俗文化经典》《杞乡中宁名胜大观》《杞乡中宁夜话》《杞乡中宁诗书翰墨》5卷本约130万字。丛书集中涵盖了中宁历史延宕、政治变革、经济变化、历史事件、重大战事、科学技术、宗教、哲学和红枸杞文化艺术

《红枸杞历史文化丛书》（王海荣/提供）

《红枸杞文学丛书》
（王海荣/提供）

等全景内容。是对红枸杞历史文化挖掘传承的一次系统的归纳和总结，丰富了红枸杞历史文化宝库，为推动红枸杞历史文化发展繁荣作出了积极的贡献。

《红枸杞文学丛书》 2011年7月出版。主编：张汉红、王海荣。本套丛书荣获中国北方十三省（市、自治区）图书博览会二等奖。该套丛书包括诗歌、散文、小说共五卷本，150多万字。全书集中体现了中宁文学爱好者热爱家乡、热爱生活的质朴情怀，作者笔端流淌着红枸杞文化千年传承血脉不断的激情，彰显着枸杞文化博大精深的丰富内涵，是红枸杞人文精神的一次集中展示，也是红枸杞文学艺术创作成果的一次检阅，是盛开在杞乡文艺百花园中一朵靓丽的花朵。

《红枸杞文学丛书》 该丛书包括小说、诗歌、散文、民俗文化卷、戏剧作品共8卷本约200万字，于2013年7月出版。杞乡文化人怀着对枸杞的深情厚谊，编写了大量的枸杞文化专著，其中苏忠深的《中宁枸杞史话》《中宁枸杞志》《茨乡歌志》，王自贵、王鑫的《神奇的宁夏枸杞》，朱彦荣、朱彦华的《谈古论今话枸杞》《回味杞乡》，朱彦荣编著的《中华枸杞故事》，柳风编选的《历代吟枸杞诗词》《枸杞诗画》，万学诚的《杞乡素食谱》等均产生了较大影响。

2. 文艺精品

报告文学 杞乡文化人紧紧围绕为枸杞产业做出突出贡献的典型人和事，深入发掘精神内涵，创作了数十部（篇）报告文学。其中王海荣执行编著的《杞乡骄子》、严光星撰写的报告文学合集《红枸杞》、高学毅撰写的《作家严光星唱响宁夏"红枸杞工程"》、刘钧撰写的《枸杞大王周金科》等作品，在县内外乃至区内外都产生了较大影响。

枸杞诗词 为了抒发对枸杞的情怀，杞乡文化人创作了3 000多首吟诵枸杞的古体诗词，在国家级和省级刊物发表200余首，地（市）级刊物发表1 000余首。比较突出的有：余今晓的《题贺枸杞节》、秦中吟的《贺中国枸杞节》、刘建虹的《咏中宁枸杞》、严光星的《赞枸杞酒》、闫福寿的《最爱枸杞红》、苏忠深的《六月杞园唱丰收》、叶光彩的《枸杞赞》、朱彦荣的《轿子山感怀》、陆岩的《枸杞》、王自贵的《杞乡情》、陈晓希的《中宁枸杞》、张永祥的《贺新郎——游枸杞园》、贺永龙的《忆王孙——杞乡》、李振宇的《忆江南——杞乡好》、李文选的《菩萨蛮——塞上春》等。

枸杞现代诗　现当代杞乡诗人以浓烈的红枸杞情怀，写下了1 000多首赞美杞乡、讴歌红枸杞精神的现代诗歌，在《诗刊》《作家》《人民文学》《朔方》等30多家省级以上刊物发表作品100余首。比较有影响的有：刘警中的诗集《开花季节》、诗歌《中国枸杞之乡》《枸杞树》《枸杞红了的时候》《枸杞女》，刘乐牛的《枸杞姑娘》《杞乡》《送朋友一盒红枸杞》《红枸杞在燃烧》，朱敏的《枸杞花开》《风过枸杞园》《果栈子上红光闪》，陈晓希的《祝福杞乡》，吕振宏的《黄河岸边那片红》《杞花》《望》，李俊英的《枸杞情缘》《枸杞红了》，骆少卿的《枸杞红了》等。

枸杞散文　杞乡有一群守望文学考究灵魂的群体，他们满怀对杞乡的深深依恋和浓浓情感，用充满诗情画意的笔调描写自己的杞园。比较突出的散文作品有：严光星的《红枸杞》，柳风的《茨园往事》《中宁枸杞甲天下》，吕振宏的《杞园风语》，陈晓希的《红枸杞的畅想》，陆岩的《枸杞灯》，白小山、白小川的诗文合集《心被雨淋过》，叶阳欢的《杞乡，杞瑞——一本书读懂枸杞》，白小川的《红枸杞文学作品集》。

红枸杞小说　专注红枸杞文学的小说创作者，他们注视着红遍大地的枸杞园，挖掘着杞乡的人和事，用独特的语言风格，创作感人的篇章，从不同角度展现杞乡建设和发展的历史进程，传播向上向善的人文精神。比较突出的有：严光星的《严光星红枸杞丛书》《杞芽茶韵》，白小山的《枸杞湾的红精灵》，刘警中的《骨箫》《骑马的代价》《体检》，吕振宏的《碧玉环》《瑜芳的泪珠》《紫月》，刘钧的《杞乡魂》《村边那颗沙枣树》，王晓晴的《木殇》，张永祥的《枸杞丛中的孤孤等》《小木屋前的黑枸杞》，刘乐牛的《李老汉的枸杞园》，秦中全的《杞乡情缘》《枸杞娃》，骆少卿的《红项链》等。

枸杞赋　杞乡文化人把自己对家乡的热爱，用赋的形式表达出来。其中较为突出的有：陆岩的《中华杞乡赋》《中宁枸杞赋》，朱彦荣的《杞乡赋》，田永前的《中宁赋》。

红枸杞大型书画摄影展　2009年，中宁县文联举办了新中国成立60周年、中国文联成立60周年、宁夏解放60周年大型书画摄影展。本次展

红枸杞大型书画摄影展（马文君/提供）

会以红枸杞文化为主题，层次高，规模大，参展作品内容丰富，展出红枸杞书法、美术、摄影精品300余幅，推动了红枸杞书画摄影地域主题文艺创作的快速发展。观摩人次达3 000余人。

历届枸杞节书画摄影展　为办好历届中国宁夏中宁枸杞节，增加节日期间的文化氛围，枸杞节组委会举办了颂扬红枸杞文化的书画、摄影作品展。区内外书画家、摄影家积极到中国枸杞之乡——中宁县观光、采风、创作，提供优秀作品。作品以弘扬枸杞文化为主旨，以歌颂红枸杞精神为主题，展现了博大精深的枸杞文化。

3. 影视剧本

《走出枸杞湾》　该剧本是为庆祝中国改革开放30周年、庆祝宁夏回族自治区成立50周年，迎接中国第六届枸杞文化节而创作的一部电视献礼片。它以中宁枸杞企业家事迹为原型，以中宁县一个小山村"枸杞湾"为背景，书写了一批钟爱枸杞事业的各级领导、科技工作者、企业家，献身枸杞事业的感人故事，艺术地再现了中宁枸杞产业从传统种植到依靠科学技术种植与发展的整个历程，展示了杞乡人艰苦奋斗、不屈不挠、在任何环境下都能生存发展的枸杞精神。剧中人物血肉丰满，情节安排独具匠心，既有杞乡美丽壮观的山川风貌，又有独特淳厚的民俗风情，且始终贯穿着政府与百姓的鱼水之情、回汉民族的和谐共进、人与人之间的理解与友爱，较为丰富、真实、艺术地再现了中宁人民令人感动的时代精神风貌。剧本正在积极筹拍中。

《庆泰恒》 该剧本以清末民初至新中国成立前夕,西北巨商张文泰缔造庆泰恒商号为主题背景,以中宁枸杞远销东南亚、香港及广州、上海、天津、成都、武汉、南京等地为史料,全方位展示中宁枸杞漂洋过海的艰苦历程。剧本正在撰写。

《枸杞红了》 该剧本取材于宁夏中宁枸杞之乡,以浓厚的地域色彩描述了在西部大开发中,杞乡人民更新价值观念,树立崭新的人生意识,积极投入到改变西部面貌的伟大实践中去。正在积极筹拍之中。

《红色往事》 剧本主要描写出生在中宁的一位革命先驱张子华,在短暂而壮丽的28年人生历程中,为革命所做出的重要贡献。他辗转南北、冒着被捕风险,在北平、天津从事学运、工运。他被中共中央委以巡视员重任,深入陕甘、陕北革命根据地力促两大根据地联合。他以国共密使身份,往来于南京、延安之间,为国共和谈铺路架桥。张子华的一生经历了中共早期革命的大起大落,波折反复。他甘愿抛头颅、洒热血,是中宁人民引以为骄傲的革命先驱。他的生命如同流星一样短暂,业绩如同流星一样光亮,一样不可或缺,永载史册。剧本正在撰写。

《枸杞传人》 剧本以中宁枸杞传承人张佐汉和改革开放以来枸杞营销大户为原型,描述了中宁枸杞从栽到挖、从挖到栽、直至改革开放后蓬勃发展的历史进程,是一部典型的农村题材剧目。剧本正在修改。

4. 红枸杞原创音乐

《红枸杞原创歌曲集》 新中国成立以来,特别是2009年以来,杞乡音乐人共创作红枸杞原创歌曲50余首。歌曲《千年情缘》荣获首届全国优秀流行歌曲创作大赛提名奖,西北赛区创作奖。《黄河黄·红果红》展现了中宁枸杞的千年历史文化背景,《欢唱吧,杞乡》《走进中宁》反映了"十一五"期间枸杞之乡经济社会所取得的辉煌成就和翻天覆地的变化,《美丽的杞乡我的家》《杞乡谣》《七月的枸杞园火辣辣的红》等歌曲反映了杞乡的独特魅力和风土人情。《杞国情歌》《红果红》展现了中宁人热情好客的性格。

盛世欢歌红枸杞原创音乐会 2012年1月4日在中宁影剧院上演,8月1日晚在县人民广场演唱,近千名干部群众观看了演出。盛世欢歌红枸杞原创音乐会包括《走进中宁》《这坨坨的枸杞红了》《七月的枸杞园火辣辣的红》《红果红》等16首原创歌曲。音乐会共分"走进中宁""美

丽的杞乡我的家""塞上枸杞红艳艳""请到中华杞乡来"四个章节。所选歌曲均为本土作者创作，乐队演奏者均为本土音乐人才。展现了中宁县经济社会各项事业发展成就和百花齐放、硕果累累的文艺创作成果。

盛世欢歌红枸杞原创音乐会（王海荣/提供）

5. 枸杞电视纪录片

《中国地理标志·中宁枸杞》 中宁县与中央电视台世界地理频道《中国地理标志》摄制组联合拍摄的一部反映中宁枸杞的电视纪录片，该片从历史、自然人文、科技和生命健康的角度，广泛介绍了中宁在枸杞产业基地建设、生产加工、市场营销、文化包装、品牌打造等方面所做的不懈努力。2011年7月18日在中宁县人民广场首映，随后在中央电视台中文国际频道播出。

《火红的中宁枸杞》 中央电视台农业、军事频道《每日农经》栏目围绕中宁枸杞独具特色的价值功能和独步天下的产业规模，采访制作了一部大型特色农产品宣传片，主要记录了中国枸杞之乡发展枸杞产业、惠及民生、造福群众的真实情况。

6. 电视短剧

《喊麻雀》 主要展现当年杞乡茨农在管理枸杞园过程中的一些喜剧冲突。为了成熟的红果不被麻雀糟蹋，生产队队长派人喊麻雀，这种原始、落后的驱赶方法使人处在被动的地位，被小麻雀整得焦头烂额。在枸杞生产管理实践中，便有了"天网"的发明和推广使用。由宁夏回族自治区著名红枸杞剧作家、原自治区戏曲家协会副主席、中宁县文联主席杨炳生创作。2008年，庆祝宁夏回族自治区成立50周年时，在宁夏电视台举办的《那些事》电视短剧中展播。

《斗社火》 斗社火的乡俗是以红枸杞为主题的乡村、茨农之间斗、比、看活动。村与村斗社火斗的是家底，斗的是实力；比的是当年枸杞收成或与枸杞相关的发明创造，对枸杞之乡有多大贡献；看的是村民的腰包鼓不鼓，衣食住行有啥新变化。通过斗社火活动，展示了杞乡人对红枸杞的钟爱和经济社会的新变化。由宁夏回族自治区著名红枸杞剧作家、原自治区戏曲家协会副主席、中宁县文联主席杨炳生创作。2008年，庆祝宁夏回族自治区成立50周年时，在宁夏电视台举办的《那些事》电视短剧中展播。

7. 枸杞电影

《杞乡》电影《杞乡》以中宁县舟塔乡上桥村、田滩村农民生产生活故事为背景，通过劳动场景、人物语言及民俗民风等，展示了枸杞文化、黄河文化的独特魅力。2011年7月18日在中宁县人民广场首映。本片构思精巧，融思想性、艺术性与观赏性于一体。影片讲述了杞乡人民发展枸杞产业的艰辛旅程和动人故事，宣传了党和政府推进社会主义新农村建设、构建社会主义和谐社会的一系列方针政策及战略部署，唱响了共产党好、社会主义好、改革开放好、伟大祖国好的时代主旋律。这部影片是国内第一部反映枸杞文化的电影作品，不仅为宁夏枸杞文化的繁荣发展注入了新活力，也为世界了解宁夏、宁夏走向世界打开了一扇电影之窗。

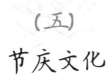

（五）
节庆文化

在中宁发展史上，枸杞写下了浓墨重彩的一笔。在百岁老人的记忆中，中宁民间曾流传着茨农祭拜枸杞神树的传说。每年6月枸杞采摘开始，茨农跪拜枸杞神树，祈求风调雨顺。每年深秋枸杞采摘结束，茨农欢歌载舞，感谢神树保佑。

中宁是枸杞之乡，枸杞种植最早应用也最广泛，中宁枸杞文化成为杞乡人民生活不可分割的部分。人们吃枸杞、喝枸杞茶、饮枸杞酒，每个节日的食物中几乎都离不开枸杞。清明节，人们在祭奠的食品中也加入一些枸杞，祭奠活动中，不忘告诉亲人现实生活的吉祥和富足。端午节，人们在粽子中加入枸杞，红白相间，精致美观，素雅之中透出点点大红，吉祥喜庆，把静谧的怀念和阳光的生活巧妙地融合在一起。杞乡在每一种节日的食物中，枸杞都成为必不可少的装饰品，散发着杞乡崇拜枸杞、热爱枸杞的情怀。还值得一提的是，元宵节里红彤彤的枸杞灯展照亮杞乡元宵夜，以枸杞福娃为主要标志的社火节目无时无刻不展现着浓浓的枸杞文化气息。

【中宁枸杞文化碑记】

1. "中国枸杞之乡"碑记

宁安枸杞

黄恩锡（清）

六月杞园树树红，宁安药果擅寰中。

千钱一斗矜时价，决胜腴田岁早丰。

2. "中宁枸杞甲天下"碑记

中国枸杞之乡中宁县位于宁夏回族自治区中部。西临中卫平原，东以牛首山拱护，发源于六盘山的清水河与黄河在秀美、辽阔的中宁川区会合。这里气候适宜，光热充足。自西汉农业开发以来，在丝绸之路上久负鱼米之乡盛名。从明朝开始，又以名贵药材宁安枸杞驰名中外。中宁枸杞本名宁安枸杞，是世界上茄科植物中80多种枸杞之一。明朝中叶，宁安农民在野生植物中发现这一优良品种，开始探索栽培技艺，获得品质特佳果实，被朝廷列为贡品。清初形成大宗名贵药材，占领全国枸杞市场。在"各省人药甘枸杞皆宁产"的形势下，宁安堡成为全国枸杞商业中心。每年金秋季节，各路客商云集，聚赶"果月"商机，盛况异常。新中国成立以来，党和政府大力扶持发展中宁枸杞。国务院于1961年确定中宁县为全国唯一的枸杞生产基地。之后，中宁枸杞引种到宁夏各县及外省区，出现产品质量悬殊的局面。1995年国务院在百家特产之乡活动中命名中宁县为"中国枸杞之乡"。2001年又给中宁县颁发中宁枸杞证明商标。

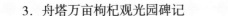

3．舟塔万亩枸杞观光园碑记

中国枸杞之乡——中宁县，地处宁夏河套平原南部、卫宁平原东端，总面积2 959.7平方千米。县境四面环山，中间平旷，黄河中流，沟渠纵横，是宁夏"塞上江南"古老灌区的一颗璀璨明珠。早在500年前，中宁的先民们就在这块得天独厚的土地上，开创了人工种植枸杞的先河。历经数百载的兴衰与成败，沧桑与洗礼，终于培育成了品质优良的中宁枸杞，被世人誉为宁夏"五宝"第一宝——红宝。6月杞园树树红，物换星移几度秋。1961年，中宁县被国务院确定为全国唯一的枸杞生产基地；1995年，中宁县被国务院命名为"中国枸杞之乡"；2001年，"中宁枸杞"名牌取得国家工商局的证明商标。

为振兴枸杞产业，加快科技进步，化区位资源和科技优势为经济优势，带动全县乃至全区枸杞生产的发展，中宁县人民政府创建了"中国枸杞之乡——万亩枸杞观光示范园区"。

舟塔乡示范园区始建于1996年。该乡因境内有唐代大顺年间所建的纪念北魏刁雍将军在该地设置码头，首创宁夏黄河航运业的"宁舟宝塔"而得名。宁舟宝塔的东面和西面是舟塔乡枸杞的主要产区，俗称"西乡枸杞"，是中宁枸杞的上品。

万亩枸杞观光示范园区是中宁县对外改革开放的一扇窗口，它将以建设规模最大、品种最优、管理水平最高、单产和效益最好的业绩向区内外参观考察的朋友们展现杞乡人民的枸杞情结和红宝光彩。富饶美丽的中宁，真诚地希望同全国各地和世界各国增进了解，发展友谊，开展经济、科技、文化等各方面的交往与合作。

二〇〇一年七月立碑立于舟塔乡铁渠村二队枸杞园。

独特的栽培管
理知识与技术

五

宁夏中宁枸杞种植系统

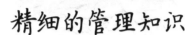

（一）

精细的管理知识

1. 土壤管理

土壤耕作可以保证植株的正常生长，还可防治病虫害和消灭杂草，因此，土壤管理十分重要，一般分为几个时段进行管理。一是春季浅耕，一般在春季土壤解冻后、植物萌芽前的3月下旬进行，对枸杞园地表土层进10～15厘米的浅翻。二是中耕除草，5月上旬中耕10厘米深，清除杂草，铲去树下的根蘖苗和树干根茎附近萌生的徒长枝，均匀中耕、不漏耕；6月上旬即将进入果熟期，中耕保持锄草，保持园内整洁便于采果期间捡拾落地果；7月中下旬，锄除杂草，方便捡果，防病除虫。三是翻晒园地，采完枸杞的8月中下旬，要对枸杞园进行土壤深翻，疏松活土层，清除杂草，切断树冠外缘土层中的水平侧根，利于第二年增加毛根数量。

土壤管理（梁勇/提供）

2. 施肥

传统种植使用的肥料为农家肥，包括大粪、羊粪、牛粪、马粪、猪粪、炕土、油渣、豆饼等，一般在秋季的10月份进行基肥施入，距第二年枸杞生长期长，肥料得到充分腐熟。施肥方法主要有3种：一种为环状施入法，即将肥料均匀地施入树干周围，沟穴部位距根茎20厘米以外，树冠边缘以内，深度20～30厘米；第二种为月牙形施肥法，在树冠外缘的一侧挖一个月牙形施肥沟放入肥料，沟长为树冠的一半，沟深为40厘米；第三种为对称沟施肥法，大面积枸杞园施肥时，为了节省劳力，可以在行间距20～30厘米处用大犁犁开30～40厘米的深沟，将肥料施入，再封沟即可。

3. 水分管理

枸杞一年的灌水时间分为3个时期，即采果前、采果期和采果后。采果前4月下旬至5月上旬灌头水，隔7天灌二水，以后12～15天灌一次水；采果期6月中旬到8月中旬，一般每采两次果灌水一次，但水量不宜过大，否则会影响采果；采果后，9月上旬至11月上旬，此时夏果已经采完，9月上旬灌1次水，以便挖秋园，11月上旬枸杞落叶时，灌一次冬水。头水和冬水灌水量要大，其他次灌水可较小，每亩50～55立方米。枸杞离不开水，又见不得水，田块灌满12小时自然落干，不可积水。

（二）

实用的农业技术

1. 选地与整床

苗圃地的选择直接影响苗木的产量、质量、育苗成本和移栽的成活率。好的苗圃应具备以下几个条件：土壤：应选沙壤或轻壤地，土层厚

选地与整床（王银/提供）

30厘米以上，pH在8.0以下，含盐量在0.2%以下，在这种土壤里种子易发芽，插条生根，易起苗，伤根少；地形：应选地形平坦、背风向阳、日照较好的熟地，灌溉容易，排水方便的地方；区位：应选在交通方便的路边，以便起苗后能及时运送目的地。苗圃地选定后，首先于前一年10月中下旬施基肥（腐熟后的羊粪、鸡粪、厩肥等），每亩施有机肥2 500千克，均匀撒于地面，深翻20～25厘米，耙平整，灌水浸泡。第二年春天化冻后，及时耙糖1～2次，清除杂草和石块，打埂做床，苗床面积以0.1～0.3亩为宜。

2. 育苗

种子育苗 首先是选种，一般选择籽粒饱满、贮储期不超过两年的无病虫害的种子，生命力强，发芽率高，新生苗抗病能力强，在盛果期摘粒大整齐的大麻叶枸杞鲜果晒干妥善保管。来年3月至4月下旬，将干果用水泡足，用手抓起湿果将在泡湿的草萎缝隙中，将草萎放在开好的2～3厘米深的土沟中，用脚或木板等物覆实草萎，盖上细潮土轻覆即可。播种分水播种法、旱播种法；其次是播种时期，一般选择在3～7月；播种量，每亩需种子150～200克，可产苗1万～1.2万株。播种方法，在整好的床苗床上每隔40厘米定线，用小板锄人工开宽5厘米、深3厘米的沟，根据苗床的面积，将种子掺入其质量3～5倍的细沙土，撒入沟中，覆土1～1.5厘米，轻轻拍实。苗圃管理，幼苗出土后勤中耕，中耕深度3～5

厘米以促进幼苗根系生长。正常天气下不灌水，天旱时浅灌，防止积水；幼苗长15～20厘米高时，及时追肥、灌水和中耕，中耕深度10厘米，并依"去劣存良、去弱留强"的原则间苗，苗间距10厘米。

器官育苗 又称为无性育苗，利用枸杞硬枝扦插苗、嫩枝扦插苗、根蘖苗等4种苗木育苗。且保持母本优良性状，结果早、产量高。枸杞很容易由不定芽萌发长成新植株，生长成根蘖苗。根蘖苗可以保持母树的优良性状，在生产上利用根蘖苗不需要另设苗圃专门培育，生长快当年就可移栽。

分蘖繁殖 选栽后3～8年的枸杞树，分蘖繁殖注意3个技术环节，一是上一年秋施肥必须挖穴深施，挖穴时，须挖断一定的根系；二是当年早春（3月）下旬浅翻春园，可提高地温，利于断根后发育不定芽，长出新苗；三是根蘖育苗在品种优良的枸杞园进行，防止实生苗混入，移栽时将母根段T形根要带上，侧根多易成活。

分根繁殖 中国北部地区，可在11月或次年3月中旬，将母株附近萌芽发生的幼苗连根挖出，假植于沟中，至4月上旬栽植，每穴栽苗1～3株，株行距40厘米×（50～60）厘米。栽植后要将穴土踏实，并灌足水。

育苗（王银/提供）

3. 种子苗管理

间苗 苗高3～5厘米时，按株距5厘米左右留强减弱。

除草和松土 一年进行2～3次，结合间苗除草松土。

定苗　苗高8~10厘米时，采用10~15厘米株距定苗。

灌水和施肥　定苗后开始施肥灌水。苗木培育期施肥2~3次，灌水4~5次，苗木生长后期控制灌水。

抹芽　苗高20~30厘米时及时抹除和剪去苗木基部的侧芽或侧枝，保留距地面45~60厘米的侧芽。当苗高达60厘米时要及时摘心控制苗高生长，培育出第一层侧枝。

病虫害防治　5~7月，易发蚜虫等虫害，选用高效低毒农药防治。

4. 器官苗管理

器官苗和种子苗在苗期的管理环节基本相同。但嫩枝扦插育苗在揭棚之前有特殊管理。

喷水　嫩枝育苗从扦插到插后10天，每天喷水4~5次促苗生根；插后10天到弓棚通风之前每天喷水2~3次促根生长。通风3天后揭去小弓棚和遮阴设备。

破膜　硬枝扦插育苗待插穗发芽后及时破膜，用土压好地膜，起到增加地湿、除草的目的。

施肥、灌水、除草和病虫害防治　四项工作同种子苗管理基本相同。做好3次施肥：促生前以磷肥为主，氮肥为辅；封顶后以氮肥为主，磷肥为辅；采果前氮、磷、钾肥兼用。

修剪　苗高达60厘米时及时摘心，萌发出来的侧枝通过及时短截，在当年可生长出二次侧枝，达到苗期培养树冠，又能生产优质枸杞。

增设扶杆设备　以株用木杆增加主干的支撑能力，可达到多留枝、多留叶，培养特种苗的目的。

5. 苗木出圃

起苗　春季3月中旬至4月上旬起苗，秋季在落叶以后、土壤结冻之前。起苗时要求保持较完整的根系，主根完整，少伤侧根，挖起后立即放阴凉处，剔除废苗和病苗。起苗后，如不能及时栽植或包装调运应立即假植。

苗木分级　根据中华人民共和国国家标准GB/T 19116—2003《枸杞栽培技术规程》枸杞苗木分级标准见下表。

枸杞苗木分级表

级别	苗高（厘米）	地径（厘米）
一级	40以上	>0.7
二级	40以上	0.5~0.7
三级	40以上	<0.5

假植　起苗后如不能及时栽植或包装调运时应立即假植。秋季起出的苗应放在地势高、排水好、背风向阳的地方假植越冬。苗木头朝南，用湿土分层压实。假植后要经常检查防止霉变和风干。

包装运输　苗木根系进行沾泥浆处理，每50株一捆装入草袋。草袋下部填入少量锯末，洒水捆好。用标签注明苗木品种、规格、产地、出苗日期、数量。运输中严防风干霉烂。

苗木管理（王银/提供）

6. 园地规划

不论大小枸杞园，在定植前均要进行规划。规划后的果园必须具备以下条件。

建设道路　方便种植管理和运输。

防护林网　栽植不宜带病的树种，同沟、渠、路结合，建设150~200米的林带。

给排水系统　建设能灌、能排的排灌系统。

管理场地　如人员住房，储存工具、农药、肥料的仓库，机械机房、药池、晾晒枸杞场地以及烘干房等。

7. 耕作

春季翻晒在3月下旬至4月中旬，行间浅翻15厘米左右，树冠下更浅些，秋翻在8月中下旬采收结束时进行，行间可挖深25～30厘米，树冠下浅些。中耕除草在5月上旬和6月上旬各一次，深度10厘米左右，第二次中耕后要拍平地面，以便于采果。在采果期间，有的枸杞园杂草多，要增加中耕次数。

8. 栽植密度

20世纪70年代以前实行人工栽培管理，栽植密度小，多采用2米×3米的株行距，亩栽植111株。栽植3年后逐年受益。80年代后，栽植方式在生产上出现小面积人工栽培型和大面积机械栽培型。传统栽植枸杞采用的栽植密度和配置方法有多种。传统的小面积分散种植、人工田间作业多用株行距为2米×2米或2.5米×2.5米，每亩地栽植107～167棵。在枸杞树较小的时候，在树里行间种植农作物。为提高产量，后来枸杞树的种植密度有所增加，有1米×2米或1.5米×2米，每亩栽222株或333株。

9. 移栽

栽植时间一般在土壤解冻后，枸杞苗木萌芽前的3月下旬至4月上旬进行，绿枝活体苗可在5月上旬选择阴天定植，定植后及时灌水，或进行遮阴7～15天。选择良种壮苗栽植，对刚从苗圃起出的苗木，将苗根茎萌生的侧枝和主干上着生的徒长枝剪除，将根系的挖断部分剪平，利于成活。挖坑栽苗：定植坑的规格一般为长宽深分别30厘米、30厘米和40厘米的坑，坑内先施入腐熟的有机肥5千克，然后栽入苗木，填表土高于苗木根茎处（一提二踏三填土），并适量浇水。若有充裕的苗木，可以在已定的株间加栽1株临时性苗木，以备填补未成活的苗木。

10. 修剪

修剪是枸杞栽培的一个重要环节，科学合理的修剪可以提高枸杞的产量。枸杞整形修剪应以培养巩固充实树形，早产、丰产、稳产为目的，遵循因枝修剪，随树造形的原则，按照"打横不打顺，清膛抽串条，密处行疏剪，稀处留油条，短截着地枝，旧梢换新梢"的方法完成修剪。修剪的内容包括培养主干，即选择生长直立粗壮的一枝徒长枝作为树形的主干，将其余枝条剪除；选留树冠，即对主干上侧生的枝条有目的地逐年选留，作为树冠的骨干枝；更新果枝，即将枝龄长的结果枝剪除，留一、二年生的结果枝；均衡树势，即通过修剪对冠层的枝干进行合理布

修剪（郭雨轩/提供）

局，以剪修量调节生长与结果的关系。及时合理剪除徒长枝，减少营养消耗，俗话说"剪口底下三分肥"。人们经过不断实践创造出"一把伞""三层楼"、自然半圆形等多种树形。

11. 施肥

基肥以油渣、羊粪或大粪为主，同时兼施牛马猪粪、炕土及氮磷复合肥等，在冬灌前施入。幼龄枸杞苗可在树冠外缘的行、株间两边各挖一条深20～30厘米的长方形或月牙形小沟施肥，成年茨多在树冠外缘开40厘米深的环状沟施肥。在5月上旬老枝现蕾开花和春梢（七寸枝）旺盛期，进行第一次追肥。6月下旬或7月上旬，七寸枝进入盛花期，进行第二次追肥。成年枸杞苗每次每株施100～150克尿素或混合150克磷酸二铵，幼龄枸杞苗每次每株施50克左右尿素或复合肥。在花果期，要用1%～2%的氮磷钾三元复合肥，或用0.3%的磷酸二氢钾、喷施宝及稀土，每年6月上旬至下旬，七寸枝的花

施肥（郭雨轩/提供）

果数量很多，园地蔽荫度达到高峰时，喷洒万分之一至十万分之一的水溶液2~3次，可减少落花落果损失。

12. 灌水

枸杞既喜水，又怕水。既要勤灌、浅灌，保持枸杞园土壤湿润，又要防止大水漫灌造成积水。全年灌水8~10次。一般4月下旬灌头水，7~10天后灌二水，以后每隔10~15天灌水一次。进入采果期后，遇高温、干热天气，要及时灌水降温。夏果采完后随即灌水，准备秋耕。9月上旬灌"白露水"促进秋梢生长。11月上中旬冬壅基肥后，灌好冬水。

灌水（郭雨轩/提供）

13. 病虫害防治

在枸杞生产季节的管理中，病虫害防治占到防治工作的1/3。要想实现安全、优质高产的目的，关键取决于病虫害的防治水平。枸杞病虫害主要有：危害叶片的枸杞灰斑病，危害果实和叶片的炭疽病，危害根茎部的枸杞根腐病，成虫和幼虫均危害叶片的枸杞负泥虫。传统的防治病虫害的方法有：摘除蛆果深埋；秋冬季灌水或翻土杀死土内越冬蛹；在春季灌溉松土，破坏枸杞负泥虫越冬场所，杀死虫源；枸杞生

枸杞灰斑病（周红/提供）

长期治理害虫的主要办法是，在枸杞园里灌满水，用木锨铲田里的水泼枸杞树，将虫打落到水田里淹死。另外，当地农民还在枸杞地里栽种蓖麻，引诱害虫集中到蓖麻上，然后将蓖麻拔除集中烧毁防虫。枸杞蚜虫危害期长，繁殖快，是枸杞生产中重点防治的害虫之一。还有枸杞木虱、枸杞锈螨、枸杞瘿螨、枸杞谷螟、枸杞黑果病等常见病虫害。

枸杞虫害传统的防治方法，主要采用农业防虫、生物防虫和物理防虫。农民采用精细的栽培管理、中耕除草、清洁田园等农业防虫法防治瘿螨、锈螨的滋生和扩散；人工饲养瓢虫和寄生蜂防治蚜虫；在新建枸杞园采用枸杞与苜蓿间作来培植专食蚜虫的小十三星、龟纹瓢虫天敌抑制害虫；用烟叶煮水，撒到枸杞树上，防止油汗和蚜虫。这些生态防虫方法不会伤害到其他益虫和无害昆虫，有效地保护了枸杞园的生物多样性。中宁农民种植枸杞一般小面积分散种植，与玉米、小麦、水稻等作物田块相间种植，这种多样化的种植可以避免大规模的病害蔓延带给枸杞的经济损失。

14. 整形

整形是通过剪截培养丰产树型。修剪是在整形的基础上，为继续保持优良树形和更新结果枝而采取的剪截措施。幼龄枸杞苗以整形为主，结合进行树冠枝条的选留和部分结果枝的更新。成年枸杞苗以修剪为主，同时进行树冠的充实、调整工作。幼龄枸杞苗定植后，当年剪顶定干。第二、三、四年培养基层，第五、六年放顶成形。常见树形有"一把伞""三层楼""圆头形"3种。

15. 采摘

　　枸杞属年度生育期内连续开花结果的植物，根据结果的载体不同，即结果枝二年生枝、当年发春枝和秋枝的不同，分为春果期（二年生结果枝所结的果，一般在6月中旬至7月上旬）、夏果期（当年春发果枝所结的果，7月中旬到8月中旬）、秋果期（当年春发果枝所结的果，9月中旬到10月中旬），实际采收期为3个月左右。枸杞果实在每年的6~11月陆续成熟，应适时采摘。当果实由青绿变成红色或橘红色，果蒂、果肉稍变松软时即可采摘。采摘过早，果不饱满，干后色泽不鲜；采摘过迟，糖分太足且易脱落，晒干或烘干后成为绛黑色（俗称油籽）而降低

枸杞种植、采摘、晾晒、筛选加工程序（马文君/提供）

商品价值。采果宜在晴天上午10时后进行，切勿采摘雨后果及露水果，采摘时轻拿轻放，连同果柄一起摘下。否则，果汁流出会影响其内在质量。若遇长期阴雨天气，采回的果实应立即薄摊于果栈上，摊放厚度不超过5厘米，待其自然晾干水分后将其加工成枸杞干保存。

16. 枸杞加工要领

晒干法 把鲜果薄摊在干净的晒席上，以枸杞果互不重叠为度。前两天以强烈阳光暴晒，中午移至阴凉处晾1~2小时，避免整天暴晒而成僵籽。第三天后，可整天暴晒，直至干透。

晒干法（王海荣/提供）

烘干法 烘干主要应掌握好温度，分3个阶段进行：首先在40~45℃条件下烘烤24~36小时，使果皮略皱；晾凉后第二次在45~50℃温度下烘烤36~48小时，至果实全部收缩起皱；最后以50~55℃继续烘24小时即可

烘干法（王海荣/提供）

全干。干后的果实除净果柄、油籽、僵籽、灰屑等杂物，贮于干燥、通风处，防潮、防虫蛀。

17. 枸杞鲜果采收标准

成熟的鲜果果色鲜红、表面光亮，果肉变软、富有弹性；果蒂松动，果柄易脱落。但实际生产上，一般当果实的成熟度达到八九成时适合采摘，采收后到干燥这个过程为后熟阶段，正好达到上述标准，晒制出来的干果品质最好。

18. 采收时间与方法

春果9~10天采一次，夏果5~6天采一次，秋果10~12天采一次。采摘过程中，为防止挤压破损，生产中总结出了"三轻"（轻采、轻拿、轻放）、"二净"（树上采净、地上拣净）、"二不采"（未达成熟度的不采、早晨有露水的不采），采摘的鲜果不带果柄、叶片，盛果筐以8~10千克的容量为宜。

19. 晾晒

枸杞鲜果表面有一层蜡质层，直接晒历时长，遇阴天易霉变，因此在晾晒前，一般先用油脂冷浸液或烧碱水浸泡1分钟左右，将表层的蜡质层分解掉。浸泡后的鲜果铺在用芨芨草或竹子编制成的果栈上均匀铺开晾晒，厚度2~3厘米，铺好后放在通风好的阳光下，果栈四脚用东西垫起进行晾晒，以利于通风。枸杞在晒干之前不能翻动，如遇阴雨天气，确实需要翻动，只能用小棍从栈底进行拍打。晴朗的天气条件下，一般需要3~6天便可晒好。

20. 贮藏

枸杞贮藏主要注意的问题是防潮，晒干程度不够的枸杞容易变质和生虫，密封不严的枸杞，容易吸收空气中的水分，易回潮霉变和生虫。因此，制干后的枸杞贮藏最重要的手段是密封防潮。以前没有塑料袋时候的传统储藏方法，主要用瓷坛和陶坛盛装干枸杞并密封；现在的储藏方法是用干燥、清洁、无清、无污染、无破损、不影响质量的塑料制成的包装物装袋密封，常温下贮藏或低温冷藏。

21. 中宁枸杞的传统生产工具

采摘：使用提筐或提篮。

脱蜡：使用大中型盆类器皿。

晾晒制干：使用果栈子（一般长2米，宽1.2米，高5～7厘米，用竹帘作底，上面钉高3厘米的木条护沿）。

取果柄、叶等杂物：使用风车、簸箕等。

防治病虫害：使用水掀子。

提筐

果栈子

风车（王海荣/提供）

保护与发展

六

宁夏中宁枸杞种植系统

新中国成立以来，在国家相关部委的关怀支持下，在中共中宁县委、县政府的领导下，中宁枸杞产业走上了一条提质增效的可持续发展道路。特别是改革开放以来，县委、县政府坚持把推动枸杞产业发展作为调整产业结构、振兴地方经济的重要抓手，采取政策驱动、科技推动、市场拉动、龙头企业带动战略，建基地、扩规模、抓质量、树品牌、活流通、提效益、兴加工、促转化，使全县枸杞种植面积稳步扩增、营销网络逐年健全、精深加工快速发展、产业链条不断延伸、综合效益日益显著，已成为中宁乃至宁夏全区农业和农村经济持续发展的支撑力量。

在枸杞产业发展的历史进程中，产业与文化相伴而生，起到了产业催生文化的作用。进入21世纪，中宁枸杞产业突飞猛进，产业文化得到极大的发展与提升，产业文化由产业兴起之初的产业催生文化，转变为文化引领产业。宁夏知名品牌"百瑞源"坚持以中宁枸杞作为研发对象，加工生产了一批名优枸杞产品。可以说，没有中宁枸杞，就没有"百瑞源"等知名品牌的强势发展。宁夏红、早康、杞芽科技等一批枸杞加工营销企业，经过不断的探索努力，现已形成与各自企业发展相适应的企业文化，促进了产业的可持续发展，书写了枸杞产业发展的辉煌篇章。

（一）
基地规模

1. 种植面积

中宁的枸杞基地建设始于20世纪50年代，规模化建设始于20世纪

90年代。经过十余年的艰苦努力，种植面积由2001年的5.5万亩发展到目前的20.3万亩，增长了2.7倍，平均每年以1.5万亩的速度递增，占全区枸杞种植面积的36.30，占全国枸杞种植面积的23%；枸杞干果总产量由2001年的0.6万吨增加到5万吨，增长6.5倍，占全区杞干果总产量的56.5%，占全国杞干果总产量的23.5%；枸杞产值由0.6亿元提高到26亿元，增长43倍。枸杞种植改变了过去一家一户的传统模式，由乡乡布点、村村开花、队队结果、户户收益，逐步发展到连片种植、统一管理、集约化经营、科学化发展的现代农业生产格局；由无公害枸杞生产基地发展到绿色食品、有机食品、出口农产品枸杞生产基地；建立起了强有力的生产监管体系：成立枸杞病虫害防治协会1个，统防统治科技服务公司12个，形成了病虫害统防统治网络体系。枸杞干果优等率由65%提高到85%，成龄枸杞亩产达600千克，平均亩产达400千克，比10年前提高200千克左右。规划建设了清水河、舟塔、红梧山、大战场等万亩枸杞高标准示范基地，建成有机枸杞标准化生产基地2.3万亩、出口农产品示范区3万亩、绿色食品原料生产基地10.4万亩，有效提高了基地建设的规模和档次。

2. 苗木繁育

在基地化建设的十余年间，中宁的枸杞苗木繁育快速发展，为推动宁夏枸杞产业发展做出了巨大的贡献。

苗木繁育（邓荣华/提供）

2001年，全县枸杞苗木繁育品种主要以宁杞4号、宁杞1号为主，苗木培育采取硬枝扦插技术，主要集中在舟塔乡的上桥村、铁渠村、田滩村和鸣沙镇、石空镇、新堡镇的个别村落，苗木价格在0.5～0.8元/株。2005年，中宁县枸杞办在县种苗场租赁土地10亩，从事枸杞苗木的繁育技术研究，开展了杂交育种、太空辐射育种研究，截至目前已选择34个优势单种进入阶段评比。2009—2011年每年平均育苗面积在4 000亩左右，除满足供应本县茨农栽植外，其余全部调往青海、甘肃、新疆等地，中宁外调的枸杞苗木占到全县苗木总量的65%以上。2011年地径0.6厘米苗木价格最高达3.0元/株，最低为2.6元/株，在鸣沙镇牛角滩建设的占地1 000亩的国家级枸杞良种苗木繁育中心，是目前世界最大规模的枸杞苗木培育基地。

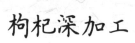

（二）

枸杞深加工

1. 发展概况

中宁枸杞深加工始于20世纪80年代，中宁枸杞制品厂为唯一一家枸杞深加工企业。由于技术、资金、市场等原因，企业运转几年后处于停产状态。2000年4月，宁夏香山集团兼并该厂，企业走出困境，迈向新的发展历程。与此同时，一批新的枸杞深加工企业也在探索中起步，拉开了枸杞深加工企业发展的帷幕。经过十余年的发展，枸杞深加工企业增加到22家，培育形成了宁夏红、早康、杞芽、杞皇、易捷、国杞天香等10多个自主知名品牌，深加工产品主要有枸杞果酒、枸杞籽油、枸杞清汁、枸杞芽茶、枸杞花蜜等16类100多个品种，年生产加工产品2.6万吨，实现销售收入7亿元，产品畅销国内各大城市，远销欧美及我国香港等30多个国家和地区。

2. 枸杞深加工企业

宁夏红枸杞制品有限公司　前身是原国营中宁县枸杞制品厂。1986年，设计年产3 000吨枸杞制品的中宁枸杞制品厂在新堡南街建成投产。2000年4月，该厂冲破传统计划经营的束缚，被宁夏香山集团兼并，是宁夏香山酒业集团有限公司的一家全

宁夏红

资子公司。深加工产品为12°、18°、28°、30° 4种档次枸杞果酒系列宁夏红枸杞酒。

宁夏中宁县早康枸杞开发有限责任公司　宁夏中宁县早康公司成立于1999年，自成立以来，坚持以科技打造品牌，以质量开拓市场，以信用树立形象。1999年8月通过绿色食品A级认证。深加工产品以枸杞干果、枸杞茶、枸杞酱、枸杞酒系列产品为主。

早康枸杞开发有限责任公司（孙雪萍/提供）

宁夏杞芽食品科技有限公司　公司位于中国枸杞之乡——宁夏中宁县石空工业园区，南接109国道，北依包兰铁路、西与中宁火车站相邻。交通条件十分便利，占地面积约2万平方米，现有职工398人，其中专业技术人员46名。深加工产品为无果枸杞芽茶、芽菜、枸杞胶囊等。

宁夏杞乡生物食品工程有限公司　宁夏杞乡生物食品工程有限公司

宁夏杞芽食品科技有限公司（王秀娟/提供）

成立于1999年3月，下属一个研究所（中宁县枸杞科技开发中心）。是集生物食品工程设计、研究、开发、销售为一体的高科技民营企业。深加工产品为枸杞原汁、枸杞籽油、枸杞多糖、保鲜枸杞。

　　宁夏中宁县隆盛聚枸杞商贸有限公司　中宁县隆盛聚枸杞商贸有限公司成立于2000年。采取"公司+基地+农户"的经营方式，经过多年拼搏，已建成具有枸杞出口原料基地4 000余亩，从业员工58名，烘干、拣选、包装设备齐全的枸杞流通重点龙头企业。公司在上海、南京、杭州、沈阳、成都、昆明、广州等直辖市和省会城市设有销售网点，产品畅销国内外市场。主营产品为枸杞、红枣、农副产品、中药材。

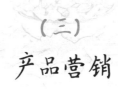

（三）
产品营销

1. 国内销售网络

　　历史上，中宁枸杞的营销为产地集市交易和本客籍商户收购转运异地销售，如西夏时的榷场交易和清代至民国年间的川湘客赴中宁直接收购，然后运回本土销售的方式，都是早期中宁枸杞的销售方式。新中国成立后枸杞实行统购统销，由药材公司统一收购。改革开放后，枸杞市场放开，销售渠道呈多元化发展，自发小商贩和个体工商户成为枸杞营销的主力军。

2001年，中宁枸杞贩运户只有100多人，个体工商户十几家，地摊式经营，销售受阻，"中宁枸杞"证明商标使用户启用初期只有十几户，在粮油市场进行交易。2002年建成了第一个中宁枸杞专业交易市场，年交易量0.3万吨左右，全国只有上海、广州、成都等药材或干果批发市场在销售，小包装经营很少，以散货销售为主。经过十余年的发展，先后建成了中宁枸杞批发市场、中国枸杞商城、中宁（国际）枸杞交易中心等。中宁枸杞交易市场成为全国最大的枸杞专业批发市场，成为农民和销售户的纽带，形成了集交易、加工、包装、储运、销售、商贸洽谈、旅游观光为一体的综合体系，青海、内蒙古、甘肃等外省区枸杞也运往中宁销售，市场年交易量达6万吨。中宁枸杞市场已成为全国枸杞的"集散地"和枸杞价格的"晴雨表"，培育形成了以市场为依托、营销企业为龙头、中小户为补充、外销网络和中宁枸杞专卖店为重点的枸杞营销体系，17个省市的200多名客商常年入住中宁收购枸杞干果。目前中宁枸杞已在上海、广州、北京、成都、沈阳、昆明、杭州、兰州、廉桥、亳州建立十大主销区，辐射全国30个省市、区。中宁枸杞产业集团正在加快建设枸杞网络营销、电子交易等现代营销模式，将为中宁枸杞市场培育提供更科学、更便捷、更高效的销售平台。

据统计，2012年"中宁枸杞"证明商标使用户发展到212户，在国内141个大中城市建立中宁枸杞专卖店220家，年销售百吨以上枸杞企业达72家，枸杞营销公司发展到52家，有

枸杞专卖店（王秀娟/提供）

枸杞商会1个，专业合作社2个，发展会员1 000多人，形成中宁枸杞产得下、销得出的良好局面，中宁枸杞成为宁夏对外交流宣传的红色名片。

2. 国际销售网络

经过多年的市场开拓，中宁枸杞在国际市场的销售取得丰硕成果。一是出口企业增加。2001年中宁枸杞的出口企业只有2家，出口国家和出口量很少，经过十余年的发展，直接出口和联营出口的企业发展到16家。二是出口品种增多。过去只有枸杞干果，现在发展到枸杞干果、枸杞原汁、清汁、枸杞多糖、枸杞油丸、枸杞果酒等16个系列100多种产品。三是出口量增加。过去枸杞干果出口只有100多吨，现在发展到出口枸杞干果5 000多吨，枸杞原汁、清汁等产品1 000多吨。四是出口国家增多。过去只出口邻近国家，现已远销美国、德国、英国、加拿大、日本、俄罗斯及我国香港等30多个国家和地区。枸杞在国外的用途范围更加广泛，国外客商经常到中宁游览考察。2008年枸杞局组织8家企业参加了德国食品博览会，还经常组织企业积极参加国际商品交流会、广交会、产品展览会、中阿经贸论坛等，使中宁枸杞在世界各国销售更加畅通，中宁枸杞在世界各国知名度大幅提高。

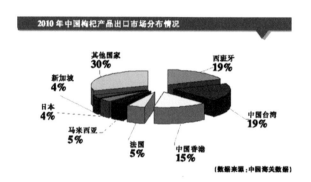

2010年枸杞出口数据分析

（四）

产业效益

中宁枸杞产业的发展，在历届党政组织和广大干部的不懈努力下，走上了一条快速发展的道路，特别是自2001年以来，枸杞产业无论种植、加工还是销售，都取得历史性的突破，实现了产业发展的新跨越。目前中宁枸杞的种植面积20.3万亩，枸杞干果总产量达5万吨，枸杞干果总产值突破16.8亿元，综合产值达到26亿元，全县农民人均来自枸杞产业的现金收入达到3 600元以上，吸纳了中宁县和南部山区及周边市县的农村劳动力和下岗职工20余万人从事枸杞采摘。从事枸杞购、加工、销售方面的人员达1.2万余人，全年务工人员从枸杞采摘、拣选加工中获得工资性收入达3亿多元。同时还带动了印刷、包装、交通运输、餐饮、住宿、旅游观光和城市建设等相关产业的快速发展，枸杞产业链条不断延伸、加粗，社会效益、经济效益、生态效益日益显现。

（五）
产业品牌

品牌文化是通过品牌深刻而丰富的内涵建立鲜明的品牌定位，并充分利用强力有效的内外部传播途径形成消费者在精神上对品牌的高度认同，创造品牌信仰，最终形成强烈的品牌忠诚。

中宁枸杞作为华夏大地一种古老而又神奇的植物，以其药食同源的良好医疗保健价值，受到人们的青睐。在千百年的种植生产过程中，人们已不单单将枸杞作为一种优质的药用植物资源，而是将其上升到精神的层面，成为人们追求向往美好生活的一种精神载体，形成了有口皆碑的一个文化品牌。从古到今无数的文人墨客挥毫泼墨，创作了大量歌颂枸杞的诗词歌赋和丰富多彩的民间艺术作品，用文化的力量提升着枸杞的品牌价值。

1. 中宁枸杞品牌

中宁枸杞在漫长的生产过程中形成了有口皆碑的地域品牌。"宁安枸杞"是其中最为古老的商品品牌之一。新中国成立以来，随着枸杞产业规模的扩张和商标品牌意识的增强，中宁枸杞形成独特的品牌文化，一批富有浓郁地方特色涵盖枸杞特质的品牌应运而生。

2. 品牌价值

在品牌建设中形成了杞王、早康、宁夏红、杞乡春、宁安堡、杞皇、永福元、云坤壹、茂源情、顺元堂、杞芽、红色健康、红梧山等一批富有浓郁地方特色的品牌。2013年中宁枸杞品牌价值达32.86亿元。为了充分表现枸杞品牌文化的深刻内涵，近年来，政府与企业共同创意制作了"世界枸杞在中国，中国枸杞在宁夏，宁夏枸杞在中宁""天下黄河富宁夏，中宁枸杞甲天下""中宁枸杞从这里走向世界""每天喝一点，健康多一点"等品牌宣传广告用语，提升了中宁枸杞的品牌影响力。

宁夏红（梁勇/提供）

3. 品牌保护

为了加大中宁枸杞品牌的保护力度，中宁县制定出台了《"中宁枸杞"中国驰名商标管理暂行办法》《中宁枸杞专卖店管理暂行办法》《"中宁枸杞"中国驰名商标包装物统一印制、销售管理办法》。中卫市政府在第161次常务会上审定出台了《"中宁枸杞"品质品牌保护办法》。这些工作的有效开展，增强了企业和社会对枸杞品牌的保护意识，推进了品牌保护工作的实施。

（六）

保护范围

　　中宁枸杞栽培与枸杞文化系统遗产地范围为中宁县全境，地理范围介于东经104°58′6.64″～106°0′36.46″，北纬36°38′45.33″～37°32′50.56″，包括大战场乡、新堡镇、恩和镇、舟塔乡、宁安镇、徐套乡、喊叫水乡、鸣沙镇、白马乡、石空镇、余丁乡11个乡镇。其中，核心保护区为西至清水河入河口，东至船舱沟，北靠黄河，南至高干渠，涉及舟塔乡的铁渠村、上桥村、舟塔村、黄桥村、潘营村、靳崖村、康滩村、田滩村、长桥村、孔滩村10个行政村；宁安镇的郭庄村、白桥村、古城村、新建村、新胜村、黄滨村、石桥村、营盘滩村、洼路村、莫嘴村、东华村、南桥村12行政村；新堡镇的刘庙村、刘庄村、吴桥村、创业村、刘营村、南湾村、盖湾村、毛营村、宋营村、新堡村、肖闸村11个行政村。

中宁枸杞保护范围（中宁县人民政府/提供）

（七）
保护与发展的意义

1. 物质与产品生产

食物安全 在人类漫长的发展进化及需求过程中，枸杞作为"药食两用"经济作物的作用与地位也随着人类对其认识的加深而得到不断提升，先后经历了野生利用人工驯化，适地栽培的发展过程。枸杞的早期利用只是作为一种果品食

枸杞食品安全（孙学军/提供）

用，在饥荒年份对于当地居民的生存尤为重要。劳动人民在长期的食用过程中，发现其具有良好的强身健体功效，逐渐被医学家所应用和推崇，并产生了枸杞茶、枸杞酒、枸杞膏、枸杞汤等保健产品。

原料供给 中宁县枸杞种植面积达20余万亩，其中包含绿色食品原料（生产基地10.41万亩，出口枸杞生产基地3.2万亩，有机枸杞生产基

枸杞果酒（马文君/提供）

枸杞芽茶（马文君/提供）

枸杞籽油（马文君/提供）　　　　枸杞花蜜（马文君/提供）

地1万亩，年产枸杞干果5万吨，开发出了枸杞果酒、枸杞籽油、枸杞
芽茶、枸杞花蜜、枸杞饮料等深加工产品九大类40余种产品。畅销国内
136个大中城市，远销英国、美国、日本、新加坡等30多个国家及我国
台湾、香港、澳门地区。2012年，中宁枸杞品牌价值达32.70亿元。

　　人类福祉　中宁枸杞粒大色鲜，皮薄肉厚，口感纯正，甘甜爽口，
扁而不圆，长而不瘦，果脐明显，果端有尖，脐白端尖，果型美观，包
装不结块，久贮不腐烂。经清华大学、中国医科大学等权威部门的多次
化验证明：在全国同类产品中，中宁枸杞中铁、锌、锂、硒、锗等使人
益寿延年的多种微量元素含量第一。枸杞多糖含量第一，除含有丰富的
无机盐、蛋白质、维生素等人体必需的物质外，人体所需的18种氨基酸
含量第一，尤其是天冬氨酸、苏氨酸等5种氨基酸含量最高。长期使用，
具有调节人体免疫功能、保肝抗癌、益智养颜、滋补壮阳和抗衰老的药
理作用。随着科技的发展，人民物质生活水平的不断提高和健康意识的
不断增强，中宁枸杞已由原来单一的药品向现在的保健食品、饮品、美
容化妆品等领域迅速扩展。

枸杞四珍（马文君/提供）

2. 生态系统服务

遗传资源保护 作为世界枸杞种植的发源地和正宗产地，中宁的野生枸杞以及用来选育现代品种的传统优良品种均是极其重要的遗传资源，对于枸杞价值的挖掘以及枸杞产业的发展具有极其重要的价值。

自然环境保护 枸杞生长地带水土流失极易发生。由于枸杞发枝力强，树冠覆盖度大，根系发达，于是通过大规模的种植枸杞，可有效发挥防风固沙、水土保持、固堤护坡的作用。同时还有调节气候的作用，大面积种植可以有效地增加蒸腾面积，缓和了空气湿度和高温干旱，对于调节区域小气候具有重要作用。同时还可以净化空气。一般把枸杞作为沙化绿化先锋树种，可防止次生盐渍化与改良盐碱。同时，对改善土壤通透性，增加土壤空隙，实现养分循环利用具有重要的意义。

3. 文化传承

枸杞已经渗透到中宁人民的社会文化生活的各个角落，与枸杞相关的物质文化、风俗习惯、行为方式、历史记忆等文化及文化体系渗透到当地传统生产、知识、节庆、人生礼仪等重大个人、社会的文化行为之中。

枸杞文化展示（王海荣/提供）

枸杞是中华文化精神之魂，是中宁人的财富之源　大红色的枸杞，象征着吉祥喜庆。民俗文化中杞菊延年的吉祥图，画的就是菊花和枸杞。《诗经》中《小雅·南山有台》，作品以桑、杨、李和枸杞等树木比兴，颂扬"君子"德高望重，祝福万寿无疆，世代平安，子孙兴旺。《诗经》中《小雅·湛露》这首诗记叙的是贵族举行宗庙落成典礼时，一位宾客以枸杞、红枣和梧桐等树比兴，颂扬"君子"高贵的身份、显赫的地位、敦厚的美德和英武潇洒的气质。

枸杞是中宁人民富致的重要经济作物　栽种枸杞的面积在某种意思上已经代表了农民家庭富裕的程度，有许多有关枸杞是高收益作物的谚语，如"家有三分枸杞，不愁四季更衣""一亩枸杞园，能顶三亩田"。

枸杞是中宁人民日常文化的重要元素　枸杞是中宁人民文化最重要的元素，有关枸杞的歌谣随处可以听到，有关枸杞农业生产经验、枸杞的医药功能、致富之本、美好象征的谚语数不胜数，一代代口口相传，传承着杞乡的枸杞文化。另外还有红枸杞剪纸、枸杞刺绣、枸杞雕刻、枸杞神话传说已经是家喻户晓的传统文化，他们是重要的文化传承形成，传递着中宁人民长期形成的枸杞文化。

枸杞是中宁人民饮食的重要材料　除了文学艺术的传承，饮食也是中宁枸杞文化传承的重要途径和手段。枸杞是中宁人日常生活离不开的食材，枸杞茶、枸杞粥、枸杞菜、枸杞汤是人们每日必食的食物，维持着当地人民的营养需求和身体健康。

枸杞是中宁社会和谐的重要产业根基　如今中宁约有1/3的耕地面积种植枸杞树，枸杞是中宁的支柱产业，更是农民收入的主要来源。目前，种植枸杞每亩地收入在3 500～6 000元，最高时可达10 000元以上。枸杞种植是中宁农民发家致富的主要依靠，是社会主义新农村建设的经济之源。

4. 多功能农业发展

就业增收　枸杞是中宁县最具特色优势的农产品，是振兴县域经济，增加农民收入的主导产业和支柱产业，在农民就业和脱贫致富方面发挥着重要作用。作为发源地和原产地，几百年来这里的居民世世代代种植贩卖枸杞。全县大约1/3人口的生产经营活动都与枸杞有关，农民年均收入的一半来自枸杞。枸杞产业属劳动密集型产业，从育苗、栽

枸杞换房（刘德/提供）

植、肥水管理、修剪、病虫害防治等，尤其是采收制干分级包装等需要大量的劳动力。目前中宁枸杞种植面积达到20万亩。每到枸杞收获季节，中宁县和南部山区及周边市县的农村劳动力和下岗职工20余万人从事枸杞采摘，付出采摘费6.75亿元。在枸杞采摘高峰时期，甚至出现过劳动力短缺的现象。而全县枸杞营销队伍发展到1.2万人。2012年中宁枸杞总面积20.2万亩，干果总产量4.8万吨，干果产值18亿元，面积占全国的12.5%，占宁夏的23.3%，产量占全国的24%，占宁夏的37%。农民人均来自枸杞的现金收入达3 600元，俗有"1亩枸杞园能抵7亩田"的说法。如今，在中宁枸杞可以当作钱使用，用中宁枸杞换房已经不是新鲜事了。

休闲农业　优美的生态环境、浓郁的枸杞文化和健康的生态农产品使中宁具有发展休闲农业的优越条件，通过科学规划，整合各方资源，打造魅力乡村，发展农村休闲观光旅游，可带动农村发展，促进农民增收致富。通过不断丰富的枸杞茶、枸杞芽菜、枸杞酒、枸杞民间刺绣、枸杞根雕、枸杞工艺品、枸杞旅游纪念品等特色文化旅游产品，让游客在品枸杞茶、喝枸杞酒、吃枸杞宴、观枸杞景、看枸杞戏、唱枸杞歌、跳枸杞舞、听枸杞故事、住枸杞古堡、体验枸杞养生的过程中，充分感知枸杞文化内涵。同时与中国枸杞文化旅游产业示范园和中国枸杞博物馆相结合，依托黄河、长城、民俗，开发黄河文化、枸杞文化、农耕文化、边塞文化、民俗文化体验游，彰显中宁"三红"（红枸杞、红枣、宁夏红）文化的独特魅力，休闲农业发展前景广阔。

生态安全　枸杞抗盐碱性强，适应性广，对自然环境的适应能力强。由于大面积种植长期灌水，灌溉水的深层渗漏，对防止次生盐渍化，改良盐碱具有重要的意义。围绕枸杞产品质量和安全卫生标准的提高，以及发展绿色食品、有机食品等名牌产品大量施入有机肥，合理搭配氮、磷、钾肥，适量补充微量元素肥料，采用配方精准施肥，有利于枸杞根系生长发育，促进枸杞产量品质的提高。对缓冲降解土壤农药残留，改善土壤通透性，增加土壤空隙，增加枸杞生产效益有十分重要的作用。由于统防统治，使用高效低残、无残留农药，对降低枸杞农药残留、保护环境意义重大。

科研价值 中宁枸杞驰名中外。随着枸杞产业规模的不断扩大，科研开发相伴而生，多学科理论研究体系趋于成熟，培养了一批科研专家和学者，推出了一批重大理论研究成果。枸杞理论研究主要以中宁枸杞为研究对象，涉及地域文化、品牌价值、养生保健、医药药理、产品加工、产业创意、市场营销、栽培技术、民间工艺、文艺创作十大类100多项，出版理论研究专著20余部，发表专题研究论文300余篇，为中宁枸杞产业的科学发展和国际化发展奠定了坚实的理论基础。

枸杞科研

5. 战略意义

生态文明建设 大面积种植枸杞对水土保持，培肥地力，调节农业小气候，防风固沙，美化环境具有重要作用。枸杞抗盐碱性强，适应性广，枸杞已被作为沙化绿化的先锋树种，保护、改善当地生态环境。中宁枸杞是人类巧妙利用自然、与自然和谐共处的典范，其传统的栽培技术及所蕴含的生态理念，可为当今生态文明建设提供很好的借鉴。

新农村建设 枸杞产业属劳动密集型产业。从育苗、栽植、肥水管理、修剪、病虫害防治等，尤其是采收制干分级包装等需要大量的劳动力。全县平均亩产干果250千克，雇佣采果工费用就需3 375元/亩，20万亩枸杞付出采摘费6.75亿元。枸杞的生产加工带动了包装、运输、中介服务等相关行业的发展，拓宽了就业渠道，也可以转移剩余劳动力，增加财政收入，壮大县域经济，促进中宁县各项社会事业的发展，同时培养出一大批懂技术、善经营、会管理的高素质人才，为中宁县经济发展注入了新的活力，推动社会主义新农村建设稳步向前发展。

火爆的枸杞交易市场（梁勇/提供）

农业可持续发展 枸杞产业已发展成为中宁县地方特色优势产业，是中宁县出口创汇的重要农产品，被称为是增加农民收入、推动县域经济发展的支柱产业和生命产业。随着绿色食品原料枸杞基地，出口枸杞基地，有机枸杞基地建设完善，新技术的集成配套，将全面提高中宁县的枸杞产量、品质及市场竞争力，对推动全县农业结构调整、带动南部山区枸杞产业发展、增加农民收入、加快枸杞产业科技进步、提高全县枸杞产业综合生产能力具有很大的作用。传统枸杞栽培技术集生态、社会、经济效益于一体，枸杞技术的保护传承及枸杞产业的发展将会为农业可持续发展提供范本和宝贵经验。

（八）

传承与保护的活动

2002年，随着中宁枸杞种植基地、市场销售、品牌效应、精深加工的规模扩张和大幅提升，中宁县县委、县政府适时举办了第一届宁夏中宁枸杞节，迄今为止共举办枸杞节6次，举办层次逐届提高、规模不断扩大、内容丰富多彩、效应倍数提升。经过十余年的精心打造，中宁枸杞节已经成为产业与文化高度融合的精品文化品牌。

1. 中国宁夏中宁枸杞节

中国宁夏中宁枸杞节举办的文化意义 2002年，按照"跳出宁夏求发展，立足中国看世界"的总体思路，中宁县县委、政府抓住宁夏回族自治区将枸杞列入全区四大战略性主导产业的政策机遇，充分发挥中宁枸杞遍布全国各地、产品远销海外、产加销产业链加粗加长的优势，确立了打造全国乃至世界最大枸杞生产加工基地、成为世界特色文化品牌的奋斗目标。以"打造一张红色名片，开启一扇让世界了解中宁的窗口"为主题的节庆文化红红火火地在中宁大地燃烧。每届枸杞节上，众多外国友人、国内客商、文化名流、专家学者和当地群众数十万人齐聚杞乡，广泛开展文艺演出、文化交流、产品展示、信息交流、商贸洽谈和旅游观光活动，给中宁枸杞披上了一层神秘的色彩。中宁枸杞从单纯的物质化发展步入产业与文化互促互进发展的新阶段，枸杞文化的地域特征日趋凸显，引领产业发展的功能进一步增强，形成了以文化助产业做强、以产业反哺文化发展的良性循环，初步建立了文化与产业相得益彰、相辅相成的地域品牌文化发展模式。

2001年中国宁夏投资贸易洽谈会暨宁夏首届枸杞节 本届枸杞节于2001年8月8～12日在宁夏银川举行。中国宁夏投资贸易洽谈会暨宁夏首届枸杞节由宁夏回族自治区人民政府与中国国际贸易促进委员会联合主办，由日本国际贸易促进协会、香港贸易发展局、澳门中华总商会和人民日报社新闻信息中心共同协办。

本次贸易洽谈会内容包括项目及产品展示、投资及贸易洽谈、招商引资专题研讨、科技成果转让、产权交易项目洽谈及"走进中国，来到宁夏"国际商务交流活动等。设国际标准展位260个，分设投资洽谈馆、商品贸易馆和枸杞节展馆。参会的国内外客商4 000余人，共签约重点投资项目22个，项目总投资为170.86亿元人民币，吸引外资14.99亿美元。

宁夏吴忠第五届（中宁）商品交易会暨中宁第一届枸杞节 由吴忠市人民政府主办，中宁县人民政府承办的宁夏吴忠第五届（中宁）商品交易会暨中宁第一届枸杞节，于2002年8月18日在中宁枸杞市场开幕，8月20日结束，取得圆满成功。

本届"一会一节"邀请宁夏回族自治区党委、人大、政府、政协领导及自治区有关部门领导，银川、石嘴山等14个县（市、区）的党政代表团和商贸代表团，上海、山东、深圳等十多个外省市的客商代表，中宁籍知名人士和曾在本县工作过的领导等600余人，前来参加。中宁20余万群众和中卫、同心等县市、区的近万名群众前来参观。

本次活动共签订各类项目17个，总投资达4.9亿元。举办了社火表演18场次、广场文艺晚会一台，成功举办了"嘉陵杯"摩托车特技表演活动。先后有新华社宁夏分社、人民日报、中国特产报、宁夏日报、吴忠日报30多家新闻媒体参与报道宣传。

宁夏中宁第二届枸杞节　2003年9月11日，宁夏中宁第二届枸杞节在中国枸杞之乡中宁县隆重开幕。为了使枸杞节具有浓厚的文化色彩，组委会邀请国内知名艺术家与当地艺术家同台演出，精心编排了一场具有浓郁枸杞文化特色的精彩节目。一时间，中宁城内盛况空前，大街小巷都是手持枸杞吉祥物——枸杞福娃的群众。国家民委副主任牟本理率全国少数民族运动会的各代表团、观摩团、特邀嘉宾到会祝贺并参观了万亩枸杞观光园。本届枸杞节签订了28个项目购销合同，共签约投资8.698 6亿元。

宁夏·中宁第四届枸杞节　2004年8月8日，由国家林业局、宁夏回族自治区人民政府联合主办，自治区林业局、中卫市人民政府与中宁县共同承办的中国宁夏第四届枸杞节在宁夏中宁县隆重举行。全国政协原副主席万国权、自治区政协主席任启兴、自治区党委副书记韩茂华、国家林业局副局长祝列克等领导和区内外党政代表团200多人，香港、上海、湖北等地及日本400多名客商参加了枸杞节。

本届枸杞节继续保持具有浓厚文化色彩的特点，组织编排演出广场群众文艺和大型晚会，受到了各界人士的好评。本届枸杞节共签约项目30个，资金总额达9.32亿元，其中引进资金2.86亿元，现场交易枸杞及其系列产品金额达300余万元。

宁夏中宁第五届枸杞节　2005年8月3日至5日，宁夏回族自治区中宁县隆重举办了宁夏中宁第五届枸杞节。本届枸杞节的核心内容是文化搭台、引凤筑巢、招商引资、合作开发、共同发展。枸杞节期间，举办了由知名演员和艺术家参加的专场文艺晚会、枸杞产业论坛和全区红枸杞摄影书画展，另外还有内容丰富的枸杞之乡考察、旅游、观光等活动。共签约项目27个，签约总金额7.95亿元，其中引进项目资金4.66亿元，贸易成交额3.19亿元。区内外商家不仅高度关注中宁枸杞，还对中宁的其他产业发展进行了广泛深入地考察了解。

首届中国（宁夏·中宁）枸杞节　首届中国（宁夏·中宁）枸杞节

首届中国（宁夏·中宁）枸杞节（王海荣/提供）

枸杞节吉祥物（王海荣/提供）

于2008年7月18日在宁夏中宁隆重举办。本届枸杞节由国家林业局、宁夏回族自治区人民政府主办，自治区林业局、宁夏日报报业集团、中卫市人民政府、中宁县人民政府承办。本届枸杞节进一步发挥宁夏中宁枸杞的资源及品牌优势，拓宽枸杞应用领域，提高枸杞深加工产品的科技含量，加快枸杞新产品的研发能力，扩大宁夏中宁枸杞产品在国内外市场的占有率，更好地为宁夏经济发展和人类健康服务。

本届枸杞节共落实签约项目21个，合同与协议投资贸易总额达13.3亿元。其中引进枸杞贸易项目13个，贸易额25 880万元。

中宁县荣获全国枸杞生产基地50周年庆祝活动　2011年7月18～19日，中宁县在国内首座以枸杞文化展示为主题的中国枸杞博物馆，隆重举行了荣获全国枸杞生产基地县50周年庆祝活动，同时举行了中国枸杞博物馆开馆仪式。

庆祝活动上，中宁县委、政府对枸杞产业发展做出突出贡献的优秀人物进行了表彰；组织举办枸杞产业高峰论坛，围绕枸杞产业发展开展了专题研讨和讲座；举办了项目推介、招商引资洽谈及签约仪式；举办了电影《杞乡》及由央视中文国际频道播出的大型电视纪录片《中国地理标志——中宁枸杞》首映式。

此次活动有国家工商总局商标局、农业部食品质量监督检验测试中心、商务部对外贸易司等部门主办，中宁县人民政府承办。

2013中阿博览会中国枸杞论坛暨中宁枸杞文化节　2013年中阿博览会中国枸杞论坛暨中宁枸杞文化节于9月16日在中宁国际枸杞交易中心开幕。中共中宁县委书记陈建华致开幕词，中宁县人民政府县长赵建新主持开幕式。农业部党组成员、副部长朱保成，宁夏回族自治区人大常委会副主任王孺贵，宁夏回族自治区政府副主席屈冬玉，宁夏回族自治区政协副主席安纯人，中国发明协会副理事长、秘书长鹿大汉，农业部优质农产品开发服务中心主任张华荣，青海省格尔木市、德令哈市、都兰县、河北省巨鹿县、甘肃省玉门市、靖远县、瓜州县、内蒙古自治区巴彦淖尔市五原县、新疆精河县等枸杞产区党政代表团代表，以及来自全国20多个省、市、自治区的枸杞产业客商代表等出席开幕式。

中宁县作为此次中阿博览会的分会场之一，首次把中宁枸杞文化节纳入到中阿博览会农业板块。本次节会以"中华杞乡、红动中国；中宁枸杞，养生天下"为主题，举办了中国枸杞产业博览会、枸杞文化节开幕式、文艺晚会、枸杞书画摄影展、中华杞乡枸杞美食节、招商引资签约仪式等重要活动。

会上，中国文联民间文艺家协会为中国枸杞文化之乡授牌。

2013年中阿博览会中国枸杞论坛暨中宁枸杞文化节（马文君/提供）

中国枸杞文化之乡（马文君/提供）

2. 群众性枸杞文化活动

文艺演出 为了丰富杞乡文化内涵，营造节日文化氛围，以文化惠民生，以文化促和谐，中宁县委、政府始终坚持挖掘特色资源、创作精品文艺、推广群众文化、打造中华杞乡不动摇，充分利用大型节庆活动和传统节日，策划开展了一系列丰富多彩的红枸杞文化活动。各类文艺晚会、广场文化、歌手大赛、诗歌朗诵、歌曲演唱会、书画摄影展等活动，全部以红枸杞文化为主基调，突出文化活动的地域性、特色化和民俗化，为杞乡人民提供了丰富多彩的文化享受。2010年以来，全县共举办广场文化160场、中宁春晚两届、红枸杞原创音乐会3场、红枸杞主题诗歌创作朗诵大赛、大型书画摄影创作大赛3次，形成了一批厚重的枸杞文化成果。红枸杞文化已经深深根植于杞乡大地，成为一道靓丽的文化风景线。

广场文艺 广场文艺不仅活跃了城市文化，也营造了社会的和谐气氛。晨晚，每当欢快热烈的音乐声响了起来，广场上等候着的人群，立即里三层、外三层，随着音乐跳起了舞蹈。舞出优美深情的色彩，甩出撩人风情的风景，踏出雄壮有力的舞步。舞蹈的人群里有在职职工、离退休干部、进城务工者、社区居民，还有学生和外地游客。播放的声乐大多以《美丽的杞乡我的家》《走进中宁》《请到杞乡来》《杞乡谣》等红枸杞原创歌曲为主，人们边舞边唱，让杞乡的晨晚散发出浓烈的红枸杞文化的芬芳。

（九）
保护与发展的基础

1. 主要问题

多年来中宁县在枸杞生产、销售、品牌保护上下了很大力气，但由于受政策、资金、人才等因素制约，中宁枸杞在科技研发、技术推广、经营管理、品牌保护、基地建设等方面存在一些问题，集中表现在以下几个方面。

传统枸杞品种的优良性状部分面临退化，新品种性状不稳定 首先，栽培历史较长的宁杞1号和宁杞4号这两个品种高产潜力大，适应性广，抗病虫害能力强，但由于长期栽培，遗传变异，人为混杂，优良性状部分退化。近年来新推广的宁杞5号属于雄性不育系，单种不能开花结果，加上自身对根腐病、白粉病抗性差等原因，虽然果粒大、适口性好、商品率高、售价高，但由于品种特性没有掌握，管理跟不上，产量低、效益差，大部分种植户不乐于接受；其次，部分育苗户枸杞新品种母本园纯度不高，种源不纯，又没有下功夫提纯复壮，繁育的苗木纯度自然也不高，给生产上造成不良影响。

枸杞深加工转化率不足 中宁枸杞深加工龙头企业少，对精深加工产品的研发滞后，中宁枸杞内含物营养成分和活性物质没有得到深度开发，其营养保健、美容、医药等价值尚未得到充分发挥。枸杞精深加工转化率不高，附加值低，严重制约了枸杞产业综合效益和可持续发展。

枸杞病虫害防控面临成本增加和效果不佳的双重压力 由于统防设备老化、人员工资上涨、农药价格上涨、燃油价格上涨等多种因素，造成统防成本增加，统防服务费由几年前的370元/亩上涨到550元/亩，但利润空间越来越小，一部分统防公司已经停止统防，一部分统防公司缩小统防面积，减少统防管理人员，艰难维持。加上近几年枸杞价格维持原状，广大茨农也认为统防服务费每年上涨不合算，自己进行防治。除企业基地和统防公司及统防服务队防治的6万亩以外，部分农户不愿使用技术人员和统防公司提供的配方进行防治，原因是统防公司和技术人员提供的配方都是低毒无残留农药，防效达不到90%以上，而选择农药销售人员提供农药及配方，一种病虫害配多种农药进行防治，造成严重污染，残留上升，枸杞质量下降，环境受到影响等，给全县枸杞产业造成严重威胁。

枸杞病虫害（周红/提供）

　　枸杞高效节水滴灌设施建设的资金来源单一，后期维护不到位　由于节水滴灌设施一次性投资成本大，枸杞种植企业或农户无法自行完成，完全依赖于财政资金支持项目建设。已经建成的节水滴灌设施容易受到鼠、兔和人为操作过程中的破坏，其后期维护意识不强，使得滴灌设施难以发挥作用。

　　枸杞标准化生产基地建设水平有待提高　全县已建成6万亩高标准出口枸杞基地，但其余农户分散种植的14.3万亩枸杞生产管理水平还比较低，质量难以保证。全县从事枸杞生产技术推广的人员有限，新技术不能全方位落实到一家一户和企业枸杞基地，枸杞标准化基地生产管理还有待进一步提高。

枸杞节水滴灌（周红/提供）

　　枸杞专业合作社经营管理能力有限，未能充分发挥作用　一是部分枸杞专业合作社自身组织建设不完善。组织规模小，实力弱，辐射带动面窄，不能与农户建立稳定的购销服务关系，部分专业合作社的资金累积制度、风险保障制度等相关制度不健全，内部运作不规范，组织机构不健全，不少组织负责人及会员文化水平不高，组织能力较差，责任心不强，对市场反应迟缓，经营上还存在一定的盲目性。二是一些专业合作社不够规范，有的有名无实，交流合作少，各自为政，单打独斗，合作社发展遇到的问题和困难反映渠道不畅通，无法解决，抑制发展。三是重建设，轻发展。会员培训和指导服务跟不上，难以适应农村发展的需要。四是政策环境不够宽松，对农民专业合作社的扶持力度不够，优惠政策没有落实到位，工商注册、民政登记、税收优惠、信贷支持、法律服务等方面还不尽如人意。五是资金短缺仍是合作社发展的瓶颈。在收购季节，合作社资金需求量大，但银行贷款手续繁多，门槛高，一定程度上制约了合作社的正常运行。

2. 挑战

枸杞生产的资源与环境约束加剧　目前，中宁枸杞生产高度专业化和集约化，土地资源利用程度高，地力消耗严重，依靠规模扩张已无潜力，常规的生产方式难以持续，传统的发展模式已不能满足农民持续增收和农村经济加快发展的要求。迫切需要转向提质增效的内涵式发展轨道，需要采取一系列措施促进发展方式转变。

质量安全与贸易壁垒　随着经济社会发展和人民生活水平提高，对品种多样化、优质安全以及均衡供给的要求越来越高，提升枸杞质量的任务越来越重。国内枸杞质量标准与国际标准之间存在一定差距，一定程度上影响了枸杞干果的整体价格水平和市场竞争力，制约了枸杞产品向外埠市场的拓展。

枸杞市场的竞争激烈　新疆、青海、甘肃、内蒙古等地发展势头强劲，后劲十足。随着枸杞产业的发展，青海等地也出台了一系列的政策和规划，为当地枸杞产业提出了发展目标。青海、新疆等地枸杞在品质、产量和效益等方面进一步提升，成为中宁枸杞的潜在竞争对手。

青海枸杞

新疆枸杞

品牌保护面临严峻挑战　由于中宁市场上青海、新疆、内蒙古、甘肃等地枸杞的大量涌入，以次充好、以假乱真，冒充"中宁枸杞"进行销售的现象日益严重，不仅侵犯了"中宁枸杞"驰名商标的专用权，给"中宁枸杞"品牌带来了负面影响，而且严重损害了广大消费者的合法权益和健康安全。同时，促进品牌保护和产业发展方面的立法亟待加强。

3. 机遇

国际上对全球重要农业文化遗产的重视　为保护农业文化遗产系

全球重要文化遗产标识

统，联合国粮食及农业组织（FAO）于2002年启动了全球重要农业文化遗产（GIAHS）保护和适应性管理项目，旨在为全球重要农业文化遗产及其农业生物多样性、知识体系、食物和生计安全以及文化的国际认同、动态保护和适应性管理提供基础。这一创举为宁夏中宁枸杞栽培和枸杞文化系统的保护和发展提供了良好的国际环境。

农业部开展重要农业文化遗产发掘工作　为加强我国重要农业文化遗产的挖掘、保护、传承和利用，农业部从2012年开始开展中国重要农业文化遗产的发掘工作，为宁夏中宁枸杞栽培和枸杞文化系统的发展创造了机遇。宁夏中宁枸杞栽培拥有悠久的历史和独特的文化，是特色明显、经济与生态价值高度统一的重要农业文化遗产，是当地劳动人民凭借着独特而多样的自然条件和他们的勤劳与智慧，创造出的农业文化典范，蕴含着天人合一的哲学思想，具有较高历史文化价值。但是，在经济快速发展、城镇化加快推进和现代技术应用的过程中，由于缺乏系统有效的保护，宁夏中宁枸杞栽培和枸杞文化系统正面临着被破坏、被遗忘、被抛弃的危险。开展重要农业文化遗产发掘工作，对保护和弘扬宁夏中宁枸杞文化、促进其可持续发展、丰富休闲农业发展资源以及促进农民就业增收等都有积极作用。

政府有关部门持续加强扶持力度　党中央、国务院继续加大西部大开发的政策资金扶持，宁夏回族自治区将枸杞产业列为13个特色优势产业中重点发展产业

中国重要农业文化遗产标识

宁夏"两区"建设

之一。另外宁夏内陆开放型经济实验区和银川综合保税区"两区"建设的推进，提出将宁夏回族自治区作为"国家向西开放的战略高地、重要的清真食品和穆斯林用品产业集聚区"，为中宁枸杞产业发展方式转变带来前所未有的历史机遇。

在食品安全受到广泛关注的背景下，枸杞的市场前景广阔　随着社会经济的发展，人们对健康养生越来越关注，社会对农产品的需求逐渐由数量型向质量型转变，消费者日益注重农产品的质量和品牌形象的追求，市场上安全、绿色、养生的加工食品和鲜活产品需求量不断加大，枸杞作为一种药食两用的产品，除干果类型产品外，深加工及鲜食产品也越来越受

中国枸杞商城

市场的认可，随着国际社会对中国传统中药的认同和接受，枸杞作为传统中药材和滋补保健品，市场发展潜力大。因此，社会各界对食品安全的广泛关注将为宁夏中宁枸杞栽培和枸杞文化系统的保护提供了良好的契机。

休闲农业成为人们重要的休闲方式　近年来，随着都市生活压力不断增大，人们越来越喜爱到城郊农村进行休闲、度假等活动。休闲农业逐渐成为都市人生活的重要组成部分，也是节假日游憩的重要方式。枸杞栽培和枸杞文化是一种重要的旅游资源，具有发展休闲农业所需要的各种要素条件。因此，可以凭借中宁优越的地理位置，借助打造"全域旅游目的地"的东风，发展具有特色的生态农业旅游，带动枸杞的栽培和枸杞文化系统的保护。

4. 发展前景

宁夏中宁枸杞栽培历史悠久，具有很高的文化价值和经济价值，在国内外保护呼声日益高涨的历史关键时刻，中宁县政府等有关部门将力促保护，通过保护带发展，使中宁枸杞栽培和枸杞文化系统成为西北地区农业文化遗产保护的典范。面对国家和宁夏回族自治区大力支持发展枸杞产业这一重大历史机遇，中宁县围绕农业增产、农业增效和农民增收的目标，在保护和发展枸杞栽培系统的前提下，充分发挥资源优势，提升枸杞质量水平和档次，做大规模，做响品牌，做强产业，建立起较为完善的现代枸杞产业体系，实现中宁枸杞栽培和枸杞文化的历史跨越。

中宁枸杞国际交易中心（陈晓希/提供）

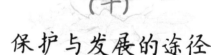

（十）
保护与发展的途径

1. 已采取的措施

为保护中宁传统枸杞栽培和枸杞文化系统，中宁县政府采取了一些措施。

在县委、县政府主管领导的带动下，全县上下十分重视申报工作，成立了农业文化遗产申报领导小组，专门负责农业文化遗产申报与保护有关的相关工作。

对中宁县枸杞生产基地进行了认证，无公害产地认定和产品认证基地已经达到15万亩，绿色食品枸杞标准化基地10.41万亩，有机枸杞质量安全示范区3万亩，全县枸杞干果年总产量4.8万～5万吨，干果产值26亿～30亿元。

全县农民专业合作社达到102家，带动农户2.1万户，年培训社员2万余人次，在新技术推广、信息交流、农副产品销售、降低种养殖成本等环节发挥了积极作用。

中宁县已经先后举办了多届以枸杞文化交流为主题的枸杞论坛暨中宁枸杞文化节，这一活动提升了中宁枸杞的知名度和美誉度，使各界人士了解中宁枸杞的栽培历史、药用价值、保健功效，对继承和发展枸杞文化，促进农民增收，推动区域经济发展，产生了积极的作用。

2. 拟采取的措施

尽快制定中宁枸杞栽培系统和枸杞文化的保护条例，出台相应的政策措施，对枸杞栽培系统进行保护。

对枸杞栽培和枸杞文化系统保护区内的枸杞品种进行普查，建立种质资源库，并进行保护。

通过培训、研讨会等方式扩大农户和地方相关部门对中宁枸杞栽培和枸杞文化系统价值和重要性的认识，使这份珍贵的农业文化遗产可以成为子孙后代的财富。

继续举办枸杞论坛和中宁枸杞文化节，对中宁枸杞进行市场推广，同时借以增强农户对中宁枸杞栽培和枸杞文化的保护意识。

继续参与国内外相关的枸杞栽培和枸杞文化研讨会，在不断提高枸杞栽培和枸杞文化系统保护意识的基础上，与相关的枸杞栽培地区和科技人员形成保护和发展的网络。

在中宁县城区繁华地段多块LED屏上，持续滚动播出中宁枸杞栽培和枸杞文化系统申遗的相关信息，同时通过网络、电视、广播等方式对中宁枸杞栽培和枸杞文化系统保护进行宣传。

培植枸杞栽培示范户，形成枸杞栽培和枸杞文化系统保护和发展的示范，并对示范成果进行推广。

3. 保护对象

农业生态保护　减少农药和化肥使用，进一步扩大枸杞的无公害和有机种植面积，由目前的11万亩扩大到15万亩，保护和扩大种植大麻叶、小麻叶、白条枸杞、尖头黄页枸杞、圆果枸杞、黄果枸杞等当地原有优良品种，基本形成中宁本土枸杞品牌的优越性，合理开展间作种植，增加枸杞林下间作作物、蔬菜、药材种类，使枸杞保护区内植物多样性提高10%，示范区生物多样性提高10%，生产辐射区生物多样性提高5%以上。发展滴灌水和膜下滴灌技术，实现水土资源的有效利用，保护枸杞园的生物多样性，避免因大量施用农药和化肥导致生态环境质量恶化，间作种植充分利用土地资源和光热资源。加大农业设施投入，大力发展枸杞滴灌设施，扩大生态防虫，扩大使用农家肥的枸杞种植面积，发展有机和绿色枸杞种植。对种植本地枸杞种大麻叶和小麻叶的农户进行树种补贴，并以高出引进种价格的保护价格进行收购，指导农民在枸杞小树间合理间作蔬菜、粮食作物等提高经济效益。

农业文化保护　保护对象包括与枸杞相关的神话、故事、药方、古书等非物质文化，从事枸杞种植的农具、晒干和储藏的容器具，枸杞种植的传统知识和技术，红枸杞刺绣、剪纸和根雕等民间艺术等非物质文

化。在全区范围内，全面搜集枸杞文学、枸杞谚语、枸杞歌谣、枸杞中药药方等知识，并整理、编纂成系列丛书存档，建设枸杞农耕博物馆，收藏陈设各种农业农具，评选出刺绣、剪纸和根雕民间艺术家和枸杞文化名村并备案。建立完善的文化保护制度体系，设立枸杞文化研究中心，开展枸杞栽培文化教育，定期举办枸杞文化艺术节，让枸杞文化艺术节成为中宁特色文化节日。开发建立具有全国级的集吃、住、行、游、娱、购功能于一体的枸杞农业文化遗产主题公园，形成枸杞特色旅游景区。使得枸杞文学、枸杞谚语、枸杞歌谣、枸杞中药药方得到较系统而齐全地整理，枸杞农业生产传统工具得到收集和保护，枸杞刺绣、枸杞雕刻、枸杞剪纸等文化得到保护、弘扬和传承，枸杞传统栽培技术和传统经验被整理成文字并传承。

农业景观保护　主要针对老枸杞树园，有老枸杞树分布的村落、山地，与枸杞栽培历史有关的建筑、遗迹和村落，枸杞文化名村村容村貌进行治理和保护。对100年以上的古枸杞树（包括野生的和栽植的）、30年以上的枸杞园、有枸杞种植和枸杞文化的核心村落进行清查，建立完整数据库，了解其分布、生长状况、产量等，建立档案，对成片分布的景观优美的古枸杞树制定保护办法进行保护，对与枸杞栽培历史有关的古建筑、遗址、村落等进行调查，建立档案，制定保护和修复办法，进行有效保护。评定枸杞文化名村，对枸杞文化名村进行农村环境卫生治理工程，实现枸杞文化名村村庄整洁、道路畅通、农户房屋整齐，屋内各类设施干净整洁，指示牌、装饰牌美观等。

野生枸杞原生境保护区（梁勇/提供）

附录

宁夏中宁枸杞种植系统

附录**1** 旅游资讯

一、胜金雄关

胜金关位于中宁北山南麓，卫宁平原中部的丘陵地带。北面山峦起伏，沙丘纵横。南边是滔滔的黄河水，像一条白色的玉带蜿蜒东下。包兰铁路穿行在山河之间，关城下面有一座隧道，洞口陡峭的石壁上镌刻着"胜金关"3个遒劲、端正的大字。这里山河阻隔，路通一线，自古是兵家扼守的雄关要隘，也是著名的古战场。

胜金雄关（穆国龙/提供）

二、宁舟宝塔

宁舟宝塔简称舟培，坐落在中宁城西舟塔村柳青渠北岸的河沟边。始建于唐朝大顺二年（891年），是丰宁城（今古城）为纪念北魏刁拥军在该地设置码头，首创黄河航运业，于码头寺庙修建的一座砖塔。宁舟宝塔塔基实心，低于地面2.67米。基坑面积比塔基大数倍，四面以砖石砌墙。宝塔立于基坑中心，桅杆矗立于船舱里面。在当地流传的一首长诗中有"寺壁当舟蟹培服桅峰"等句。塔身七级，平面八角形，每边宽1.7米。塔内空心呈圆形，直径1.5米，阶梯以衔砖盘旋上攀，直达峰层。塔身用素面砖平铺，石灰勾缝。转角处悬挂有风铃。塔刹为葫芦式，表面镶黄铜蕉叶钻尖塔顶。塔身的第一层敞门，第七层设南门；其余各层有前门一、西门一、东门二。在第三层的北面有一方砖匾额，正面是"宁舟宝塔"四个大字，两边及下底刻寸楷铭文。

宁舟宝塔（穆国龙/提供）

三、石空寺石窟

位于中宁县城北15千米处，原有大佛洞、卧佛洞、观音洞、龙王洞、灵光洞等石窟，石窟前建有寺院，寺院中还有各类神佛塑像。九间无梁洞窟室宽敞宏大，进深7.3米，宽12.5米，高20多米。里壁并列着3尊佛像，东西两边各置佛坛。

石空寺石窟（穆国龙/提供）

四、万亩枸杞观光园

　　中宁万亩枸杞观光园距离中宁县城5千米，核心旅游观光园区为两个万亩无公害示范园区。在示范园区附近设立的游客接待中心，游客可通过文字、影像资料及解说人员的介绍，了解中宁枸杞产业发展概况及旅游观光区的情况。在核心观光园区周围，散落着休闲垂钓中心、黄

万亩枸杞观光园（穆国龙/提供）

河文化城、枸杞批发市场、中国枸杞商城、石空大佛寺，还有壮观的明长城、双龙山石窟、泉眼山水利工程、南河子公园旅游景点与之遥相呼应，形成了相对集中的枸杞旅游观光区域。园区为集度假旅游、休闲观光、技术培训、专业考察、科普教育、民俗采风、特色产品交流为一体的精品旅游区。每年6～11月是枸杞的产果期，7月、8月两个月为盛果期，这个季节到枸杞园观光旅游，处处是硕果盈枝、鲜红欲滴的红枸杞。

五、中宁茶坊庙

中宁舟塔的茶坊庙有近千年的历史，是古代枸杞商贩集中交易枸杞的场所。现存留古时石雕杞鹤延年图。仙鹤，在古代是仅次于凤凰的一种高贵鸟类，寓意延年益寿。它与松树相合，寓意松鹤延年，与鹿相合，寓意鹤鹿同春。中宁茶坊庙杞鹤延年图石雕，据考查凿于明代，2008年在重修过程中才意外发现，具有重要的考古价值，更加增强了中宁枸杞的神秘色彩。石雕图案仙鹤独立、翘首远望、姿态优美、色彩不艳不娇、高雅大方，说明

杞鹤延年图（穆国龙/提供）

古人早就认识到枸杞的保健养生功效可与仙鹤媲美、共生同寿。

六、中国枸杞博物馆

中国枸杞博物馆于2011年7月18日建成，是中宁县城的地标性建筑，是国内首座以枸杞文化展示为主题的博物馆。枸杞博物馆高45.9米，为8层塔式建筑，由上至下分为枸杞历史介绍、枸杞文化展示、枸杞加工流程、枸杞产品会展和枸杞国内外销售分布网络5个展区。除了展示枸杞的历史、文化、加工流程外，还集中展示了中国枸杞之乡中宁县50多年的发展历程。

中国枸杞博物馆（穆国龙/提供）

七、中宁文化旅游产业示范园

中宁文化旅游产业示范园位于县城北街延伸段以西、北二环路以北、黄河水岸线以南，用地1 312亩，总投资7.36亿元。分为综合管理中心、枸杞交易区、枸杞系列产品交易区、综合服务区、公寓、文化广场等。园区建筑富有浓烈的枸杞文化、地域文化、黄河文化色彩，是融枸杞生产、检验、销售、仓储、配送、信息、文化博览、观光旅游为一体的现代农业综合示范基地。部分项目已经建成，其余项目正在建设之中。

整体项目建成后，年可交易枸杞干果及系列产品37万吨以上、特色农副产品5万吨以上，交易额可达76亿元以上，同时带动周边县市特色农产品销售以及餐饮、旅游业的发展，解决固定就业岗位3 000个，解决临时就业岗位8 000个以上。

八、中宁枸杞博物园

枸杞博物园是宁夏沿黄城市带建设的标志性工程之一，迄今为止在国内尚属首家。项目总投资3亿元，规划占地面积3 348亩，其中水域面积1 200亩。枸杞博物园以枸杞文化为主题，分为枸杞文化展示区、杞乡风情园、枸杞种植观赏区、水上休闲娱乐区、公共服务区和公务接待区。其中枸杞文化展示区是枸杞博物园建设的核心，主要由枸杞博物馆、公园主题广场等内容组成。项目正在建设中。

大事记

明代成化年间（1465—1487年）宁安枸杞被朝廷列为"国朝贡果"。

民国23年（1934年）中宁设县，以宁安堡为县城，从此宁安枸杞改称中宁枸杞。

1961年　中宁县被国务院确定为枸杞生产基地县。

1989年12月　中宁县枸杞制品厂的宁安牌枸杞浓汁获中国首届食品博览会金奖。

1994年　中宁枸杞在中国林业名特优产品博览会上获得金奖。

1995年　中宁县被国务院命名为"中国枸杞之乡"。

1999年3月　中宁县获国家林业局、中国经济林协会中国名特优经济林——枸杞之乡称号。

1999年　中宁枸杞在99昆明世界园艺博览会上获得金奖。

2000年　中宁县被中国特产之乡组委会命名为"中国特产之乡"。

2001年1月21日　中宁枸杞证明商标通过国家工商行政管理局商标局批准正式启用，在全国枸杞产业中成为唯一的以原产地命名的商标。

2001年5月　由中宁县人民政府决定分别在舟塔乡和康滩乡建成两个"万亩枸杞观光园区"。

2001年10月　中宁县枸杞产业管理局正式挂牌成立。

2001年12月　中宁县枸杞生产被宁夏回族自治区"三个十工程"列为基地建设项目。

2002年　中宁枸杞被中国经济林协会命名为中国名优经济林产品。

2002年3月　宁夏黄河中宁枸杞有限公司送展的中宁枸杞被国家经济林协会认定为"中国名优经济林产品"。

2002年9月　中宁枸杞批发市场建设成功，投入运行。

2002年12月　中宁县获"全区实施无公害行动计划先进县"，并获得科技进步奖。

2003年8月6日　宁夏回族自治区政协生态基地在中宁县建成，宁夏回族自治区政协主席任启兴为生态基地揭牌。

2003年9月9日　中宁县人民政府和自治区林业局联合举办"中国宁夏第三届暨中宁第二届枸杞节"，在中宁县城中心富康广场举行隆重开幕。

2003年10月　"中国特产之乡推荐及宣传组织活动"组委会授予中宁县中国特产之乡先进单位称号。

2003年10月　中宁县中国枸杞之乡"中国枸杞网站"建立。

2003年11月　在首届中国沙产业博览会上中宁枸杞获名优产品称号。

2004年　在首届中国国际林产业博览会暨科技经贸洽谈会上中宁枸杞荣获林博会名特优新奖。

2004年5月18日　枸杞局承担的枸杞种植被国家标准委员会验收合格，颁发证书。

2004年8月8日　中宁县政府枸杞网网站正式开通。

2004年10月19日　中宁县被国家标准化管理委员会评为全国农业标准化示范区组织推广先进单位。

2004年12月　枸杞局办公大楼落成，由原林业局、批发市场分开办公变为统一集中办公。

2005年1月　由宁夏农林科学院、宁夏杞乡生物食品有限公司等单位实施的枸杞新品种选育配套技术研究与应用项目获得中华人民共和国国家科学技术进步二等奖（证书号2005-J—202-2-02）。

2005年3月20日　中共中央政治局常委、全国人大常委会委员长吴邦国同志在中宁视察，品尝中宁枸杞，欣然题词"中国枸杞之乡"。

2005年4月25日　宁夏黄河中宁枸杞有限公司的中宁枸杞在首届中

国国际林产业博览会暨科技经济洽谈会上荣获"林博会名特优新奖"。

2005年8月3日　宁夏第五届枸杞节在中宁县人民广场举办,同时中国枸杞博物馆开馆。

2006年5月6日　中共中央政治局常委、国务院总理温家宝视察中宁枸杞产业,并到中宁早康枸杞开发有限公司、舟塔枸杞观光园等地视察。

2006年6月　中宁县开始创建全国绿色食品原料(枸杞)生产基地。

2006年8月2日　白马乡朱路村农民曾保山发明的悬挂式目光节能枸杞烘干棚获得国家发明专利。

2006年10月25日　中宁县全国绿色食品原料枸杞标准化生产基地顺利通过国家验收。

2006年11月15日　中宁枸杞被中国农产品品牌大会组委会命名为"十佳区域公用品"称号。

2007年　杞乡公司2 500吨枸杞汁等22个项目建成投产,中宁枸杞荣获全国十大区域农产品称号。

2007年　中宁枸杞获国际林产品博览会3个金奖,被国家工商总局确定为原产地地理标志。在"2008北京奥运推荐果品"第5次评选活动中获得1个一等奖,3个三等奖。

2007年1月27日　中宁县枸杞局荣获"首届宁夏十大品牌战略策划家"。

2007年4月20日　石雕证明明代中宁已人工栽植枸杞。

2007年4月28日　中宁县枸杞统防协会成立。

2007年5月24日　宁夏最大的枸杞展馆免费开放。

2007年7月26日　宁夏红品牌拉动宁夏枸杞种植户年增收40多亿。

2007年12月　在全国林业产业博览会上,"早康"牌枸杞中宁枸杞、"杞芽"牌及无果枸杞芽茶获得金奖。

2008年1月8日　宁夏红商标成功注册,开启产业发展新阶段。

2008年7月18日　首届中国(宁夏中宁)枸杞节在中宁开幕。

2008年9月　国务院副总理回良玉在宁夏回族自治区成立五十周年

大庆之际到中宁舟塔乡田滩枸杞观光台参观指导。

2009年4月　中宁县枸杞办启动运行中宁枸杞电子交易市场。

2009年4月25日　中宁枸杞被国家工商行政管理局评为中国驰名商标。

2009年5月9日　中宁枸杞瓶颈问题列入国家项目扶持解决。

2009年6月20日　宁夏红枸杞产业集团公司买断"宁夏红·我是明星"节目的冠名权，此举成为总台自办节目广告植入的有益试点。

2009年9月　中宁县政府出台了《中宁枸杞中国驰名商标管理暂行办法》。

2009年12月　中宁县委下发了《关于提振枸杞产业的意见》。

2010年　中宁县跻身中国绿色名县，成为全国26个"中国绿色名县"之一，这也是宁夏首个获此殊荣的县市。

2010年5月　中宁·国际枸杞交易中心在宁安镇黄滨村启动建设。

2010年7月9日　宁夏回族自治区林业局批准中宁县为"全国枸杞产业化示范县"。

2010年7月12日　召开中宁枸杞产业发展大会，邀请央视世界地理频道《中国地理标志》摄制组，联合制作大型电视纪录片《中国地理标志·中宁枸杞》开拍。

2010年12月　中宁枸杞产业集团正式揭牌成立。

2011年1月　被国家质检总局批准为"全国首批25个重点推进出口食品农产品质量安全典型示范区"。

2011年7月　中宁县荣获"国家枸杞产业示范基地"称号。

2011年7月18~19日　中宁县成功举办"庆祝中宁荣获全国枸杞生产基地县50周年庆祝活动"。

2011年9月　国家林业局局长贾治邦一行到中宁参观中宁县舟塔有机枸杞基地及观光台。

2011年11月　中宁枸杞荣获第二届中国国际林业博览会暨第四届中国义乌国际森林产品博览会金奖。

2012年3月　中宁县荣获"全国农业枸杞标准化示范县"。

2012年9月　中宁县枸杞荣获"全国十佳区域公用品牌"。

2012年11月　中宁出口枸杞质量安全示范区被国家质检总局评为"国家级出口食品农产品质量安全示范区"。

2013年　中宁枸杞宣传片《守望五千年的魂》拍摄完成，配套出版了8卷系列丛书。

2013年3月　因为"中宁枸杞"的品牌影响力和特色产业带动力，中宁县荣膺第二届中国最具海外影响力市县。

2013年8月，中宁县被中国文联民间文艺家协会授予"中国枸杞文化之乡"称号。

2013年11月28日　国家质检总局副局长蒲长城为"宁夏中宁出口枸杞质量安全示范区"授牌。

2015年　中宁枸杞种植系统入选第三批"中国重要农业文化遗产"名录。

附录3 全球／中国重要农业文化遗产名录

1. 全球重要农业文化遗产

2002年，联合国粮农组织（FAO）发起了全球重要农业文化遗产（Globally Important Agricultural Heritage Systems, GIAHS）保护项目，旨在建立全球重要农业文化遗产及其有关的景观、生物多样性、知识和文化保护体系，并在世界范围内得到认可与保护，使之成为可持续管理的基础。

按照FAO的定义，GIAHS是"农村与其所处环境长期协同进化和动态适应下所形成的独特的土地利用系统和农业景观，这些系统与景观具有丰富的生物多样性，而且可以满足当地社会经济与文化发展的需要，有利于促进区域可持续发展"。

截至2017年3月底，全球共有16个国家的37项传统农业系统被列入GIAHS名录，其中11项在中国。

全球重要农业文化遗产（37项）

序号	区域	国家	系统名称	FAO批准年份
1			中国浙江青田稻鱼共生系统 Qingtian Rice–Fish Culture System, China	2005
2	亚洲	中国	中国云南红河哈尼稻作梯田系统 Honghe Hani Rice Terraces System, China	2010
3			中国江西万年稻作文化系统 Wannian Traditional Rice Culture System, China	2010

序号	区域	国家	系统名称	FAO批准年份
4	亚洲	中国	中国贵州从江侗乡稻-鱼-鸭系统 Congjiang Dong's Rice–Fish–Duck System, China	2011
5			中国云南普洱古茶园与茶文化系统 Pu'er Traditional Tea Agrosystem, China	2012
6			中国内蒙古敖汉旱作农业系统 Aohan Dryland Farming System, China	2012
7			中国河北宣化城市传统葡萄园 Urban Agricultural Heritage of Xuanhua Grape Gardens, China	2013
8			中国浙江绍兴会稽山古香榧群 Shaoxing Kuaijishan Ancient Chinese *Torreya*, China	2013
9			中国陕西佳县古枣园 Jiaxian Traditional Chinese Date Gardens, China	2014
10			中国福建福州茉莉花与茶文化系统 Fuzhou Jasmine and Tea Culture System, China	2014
11			中国江苏兴化垛田传统农业系统 Xinghua Duotian Agrosystem, China	2014
12		菲律宾	菲律宾伊富高稻作梯田系统 Ifugao Rice Terraces, Philippines	2005
13		印度	印度藏红花农业系统 Saffron Heritage of Kashmir, India	2011
14			印度科拉普特传统农业系统 Traditional Agriculture Systems, India	2012
15			印度喀拉拉邦库塔纳德海平面下农耕文化系统 Kuttanad Below Sea Level Farming System, India	2013

续表

序号	区域	国家	系统名称	FAO批准年份
16	亚洲	日本	日本能登半岛山地与沿海乡村景观 Noto's Satoyama and Satoumi, Japan	2011
17			日本佐渡岛稻田-朱鹮共生系统 Sado's Satoyama in Harmony with Japanese Crested Ibis, Japan	2011
18			日本静冈传统茶-草复合系统 Traditional Tea-Grass Integrated System in Shizuoka, Japan	2013
19			日本大分国东半岛林-农-渔复合系统 Kunisaki Peninsula Usa Integrated Forestry, Agriculture and Fisheries System, Japan	2013
20			日本熊本阿苏可持续草地农业系统 Managing Aso Grasslands for Sustainable Agriculture, Japan	2013
21			日本岐阜长良川流域渔业系统 The Ayu of Nagara River System, Japan	2015
22			日本宫崎山地农林复合系统 Takachihogo-Shiibayama Mountainous Agriculture and Forestry System, Japan	2015
23			日本和歌山青梅种植系统 Minabe-Tanabe Ume System, Japan	2015
24		韩国	韩国济州岛石墙农业系统 Jeju Batdam Agricultural System, Korea	2014
25			韩国青山岛板石梯田农作系统 Traditional Gudeuljang Irrigated Rice Terraces in Cheongsando, Korea	2014
26		伊朗	伊朗喀山坎儿井灌溉系统 Qanat Irrigated Agricultural Heritage Systems of Kashan, Iran	2014

序号	区域	国家	系统名称	FAO批准年份
27	亚洲	阿联酋	阿联酋艾尔与里瓦绿洲传统椰枣种植系统 Al Ain and Liwa Historical Date Palm Oases, the United Arab Emirates	2015
28		孟加拉	孟加拉国浮田农作系统 Floating Garden Agricultural System, Bangladesh	2015
29	非洲	阿尔及利亚	阿尔及利亚埃尔韦德绿洲农业系统 Ghout System, Algeria	2005
30		突尼斯	突尼斯加法萨绿洲农业系统 Gafsa Oases, Tunisia	2005
31		肯尼亚	肯尼亚马赛草原游牧系统 Oldonyonokie/Olkeri Maasai Pastoralist Heritage Site, Kenya	2008
32		坦桑尼亚	坦桑尼亚马赛游牧系统 Engaresero Maasai Pastoralist Heritage Area, Tanzania	2008
33			坦桑尼亚基哈巴农林复合系统 Shimbwe Juu Kihamba Agro-forestry Heritage Site, Tanzania	2008
34		摩洛哥	摩洛哥阿特拉斯山脉绿洲农业系统 Oases System in Atlas Mountains, Morocco	2011
35		埃及	埃及锡瓦绿洲椰枣生产系统 Dates Production System in Siwa Oasis, Egypt	2016
36	南美洲	秘鲁	秘鲁安第斯高原农业系统 Andean Agriculture, Peru	2005
37		智利	智利智鲁岛屿农业系统 Chiloé Agriculture, Chile	2005

2. 中国重要农业文化遗产

我国有着悠久灿烂的农耕文化历史，加上不同地区自然与人文的巨大差异，创造了种类繁多、特色明显、经济与生态价值高度统一的重要农业文化遗产。这些都是我国劳动人民凭借独特而多样的自然条件和他们的勤劳与智慧，创造出的农业文化的典范，蕴含着天人合一的哲学思想，具有较高的历史文化价值。农业部于2012年开始中国重要农业文化遗产发掘工作，旨在加强我国重要农业文化遗产的挖掘、保护、传承和利用，从而使中国成为世界上第一个开展国家级农业文化遗产评选与保护的国家。

中国重要农业文化遗产是指"人类与其所处环境长期协同发展中，创造并传承至今的独特的农业生产系统，这些系统具有丰富的农业生物多样性、传统知识与技术体系和独特的生态与文化景观等，对我国农业文化传承、农业可持续发展和农业功能拓展具有重要的科学价值和实践意义"。

截至2017年3月底，全国共有62个传统农业系统被认定为中国重要农业文化遗产。

中国重要农业文化遗产（62项）

序号	省份	系统名称	农业部批准年份
1	北京	北京平谷四座楼麻核桃生产系统	2015
2		北京京西稻作文化系统	2015
3	天津	天津滨海崔庄古冬枣园	2014
4	河北	河北宣化城市传统葡萄园	2013
5		河北宽城传统板栗栽培系统	2014
6		河北涉县旱作梯田系统	2014
7	内蒙古	内蒙古敖汉旱作农业系统	2013
8		内蒙古阿鲁科尔沁草原游牧系统	2014
9	辽宁	辽宁鞍山南果梨栽培系统	2013
10		辽宁宽甸柱参传统栽培体系	2013
11		辽宁桓仁京租稻栽培系统	2015

续表

序号	省份	系统名称	农业部批准年份
12	吉林	吉林延边苹果梨栽培系统	2015
13	黑龙江	黑龙江抚远赫哲族鱼文化系统	2015
14		黑龙江宁安响水稻作文化系统	2015
15	江苏	江苏兴化垛田传统农业系统	2013
16		江苏泰兴银杏栽培系统	2015
17	浙江	浙江青田稻鱼共生系统	2013
18		浙江绍兴会稽山古香榧群	2013
19		浙江杭州西湖龙井茶文化系统	2014
20		浙江湖州桑基鱼塘系统	2014
21		浙江庆元香菇文化系统	2014
22		浙江仙居杨梅栽培系统	2015
23		浙江云和梯田农业系统	2015
24	安徽	安徽寿县芍陂（安丰塘）及灌区农业系统	2015
25		安徽休宁山泉流水养鱼系统	2015
26	福建	福建福州茉莉花与茶文化系统	2013
27		福建尤溪联合梯田	2013
28		福建安溪铁观音茶文化系统	2014
29	江西	江西万年稻作文化系统	2013
30		江西崇义客家梯田系统	2014
31	山东	山东夏津黄河故道古桑树群	2014
32		山东枣庄古枣林	2015
33		山东乐陵枣林复合系统	2015
34	河南	河南灵宝川塬古枣林	2015
35	湖北	湖北赤壁羊楼洞砖茶文化系统	2014
36		湖北恩施玉露茶文化系统	2015

续表

序号	省份	系统名称	农业部批准年份
37	湖南	湖南新化紫鹊界梯田	2013
38		湖南新晃侗藏红米种植系统	2014
39	广东	广东潮安凤凰单丛茶文化系统	2014
40	广西	广西龙胜龙脊梯田系统	2014
41		广西隆安壮族"那文化"稻作文化系统	2015
42	四川	四川江油辛夷花传统栽培体系	2014
43		四川苍溪雪梨栽培系统	2015
44		四川美姑苦荞栽培系统	2015
45	贵州	贵州从江侗乡稻-鱼-鸭系统	2013
46		贵州花溪古茶树与茶文化系统	2015
47	云南	云南红河哈尼稻作梯田系统	2013
48		云南普洱古茶园与茶文化系统	2013
49		云南漾濞核桃-作物复合系统	2013
50		云南广南八宝稻作生态系统	2014
51		云南剑川稻麦复种系统	2014
52		云南双江勐库古茶园与茶文化系统	2015
53	陕西	陕西佳县古枣园	2013
54	甘肃	甘肃皋兰什川古梨园	2013
55		甘肃迭部扎尕那农林牧复合系统	2013
56		甘肃岷县当归种植系统	2014
57		甘肃永登苦水玫瑰农作系统	2015
58	宁夏	宁夏灵武长枣种植系统	2014
59		宁夏中宁枸杞种植系统	2015
60	新疆	新疆吐鲁番坎儿井农业系统	2013
61		新疆哈密哈密瓜栽培与贡瓜文化系统	2014
62		新疆奇台旱作农业系统	2015